Visual Basic 数据库程序设计

实验指导（第2版）

主　编　刘白林
副主编　张　雅　刘海泉

西安交通大学出版社
XI'AN JIAOTONG UNIVERSITY PRESS

内容简介

本书是《Visual Basic 数据库程序设计实用教程》的配套教材，根据高等学校非计算机专业程序设计语言及数据库应用教学需要编写的实验指导教材。本书以 Visual Basic 6.0 及 Access 为背景，介绍了程序设计方法及数据库应用的基本知识。实验内容包括 Visual Basic 程序设计概述、Visual Basic 程序语言基础、可视化程序设计初探、Visual Basic 程序设计、Visual Basic 标准控件与窗体、数据库基础、创建第一个 Visual Basic 数据库程序、结构化查询语言、数据库访问技术、数据报表设计与报表输出等。每一章都选取多个具有代表性的实例，完整地介绍了程序的设计思路、实用知识点及设计方法，使学生对计算机编程及数据库知识有整体的认识。

本书内容丰富，实用性强，既可作为大学非计算机专业在校生的教材使用，也可作为程序设计人员的参考书，同时可作为广大计算机爱好者的自学教程。

图书在版编目(CIP)数据

Visual Basic 数据库程序设计实验指导/刘白林主编. —2 版. —西安：西安交通大学出版社，2011.2
ISBN 978-7-5605-3808-2

Ⅰ.V… Ⅱ.①刘… Ⅲ.BASIC 语言-程序设计-高等学校-教学参考资料 Ⅳ.①TP312

中国版本图书馆 CIP 数据核字(2011)第 004669 号

书　　名 Visual Basic 数据库程序设计实验指导(第 2 版)
主　　编 刘白林
责任编辑 毛　帆

出版发行 西安交通大学出版社
(西安市兴庆南路 10 号　邮政编码 710049)
网　　址 http://www.xjtupress.com
电　　话 (029)82668357　82667874(发行中心)
(029)82668315　82669096(总编办)
传　　真 (029)82668280
印　　刷 西安新视点印务有限责任公司

开　　本 787mm×1092mm　1/16　**印张** 7.625　**字数** 181 千字
版次印次 2011 年 2 月第 1 版　2011 年 2 月第 1 次印刷
书　　号 ISBN 978-7-5605-3808-2/TP·542
定　　价 12.80 元

读者购书、书店添货、如发现印装质量问题，请与本社发行中心联系、调换。
订购热线：(029)82665248　(029)82665249
投稿热线：(029)82664954
读者信箱：jdlgy@yahoo.cn

前　言

随着高校扩招以及2004年教育部高教司《关于进一步加强高校计算机基础教学的意见》的下发，对促进和规范高校计算机基础教学工作发挥了重要作用。计算机基础教育不再局限于对学生基本操作的训练，更强调加强学生逻辑编程能力的训练。这不仅是对理工科专业学生的要求，也是对文科专业学生的要求；不仅要加强理论知识的学习，实践能力的训练也非常重要。

针对初学者的特点，本书在编排上由浅入深、循序渐进，力求通俗易懂、简洁实用。本书主要特点为：

①围绕知识点设计实验题目，明确实践的目的和要求，针对性强；

②选择有代表性的实例，突出重点内容的掌握和应用；

③注意实验的层次性，适应不同层次学生的需要；

④将知识联系、技术分析、实践指导、启发提高有机结合起来；

⑤在所有的原代码中加入了大量的注释，便于读者阅读；

⑥所有程序均在Visual Basic 6.0开发环境中调试通过。

本书是《Visual Basic数据库程序设计实用教程》的配套教材，在章节安排上与主教材完全一致，便于教师教学和学生课后的练习，以进一步增强动手能力。在内容上VB语言程序设计和数据库技术并重，以指导学生实践为目的，对学生能力的训练具有很强的针对性。本书配合教材，每一章选取多个具有代表性的实例，完整地介绍了程序的设计思路及设计方法，使学生对计算机编程及数据库知识有整体的认识。本书包括Visual Basic程序设计概述、Visual Basic程序语言基础、可视化程序设计初探、Visual Basic程序设计、Visual Basic标准控件与窗体、数据库基础、创建第一个Visual Basic数据库程序、结构化查询语言、数据库访问技术、数据报表设计与报表输出等内容。

由于时间仓促及水平所限，书中不当之处在所难免，敬请读者批评指正。

编者

2011年2月

目　录

第1章

Visual Basic 程序设计概述

实验目的

- 掌握启动和退出 Visual Basic 6.0 的方法
- 熟悉 Visual Basic 6.0 集成开发环境
- 掌握开发一个简单程序的基本步骤
- 掌握环境设置和工程保存的方法
- 了解 Visual Basic 6.0 联机帮助的使用

实验内容

- Visual Basic 6.0 集成开发环境的初步使用
- 开发一个简单的程序
- Visual Basic 6.0 的联机帮助

1.1 Visual Basic 6.0 集成开发环境的初步使用

【实验要求】

创建一个“标准 EXE”类型的应用程序，要求在屏幕上放置 6 个按钮(Command)控件，并将这些按钮控件设置成不同的颜色，点击不同的按钮时，窗体上显示相应的颜色。运行效果如图 1-1 所示。

图 1-1　程序运行效果图

【知识要点】

(1) 启动、退出 Visual Basic 6.0。

(2) 了解“文件”、“编辑”、“视图”、“工程”、“格式”和“运行”菜单中的项目。

(3) 掌握“标准”工具栏上控件按钮的使用方法,以及打开和关闭工具栏的方法。

(4) 掌握常用窗口的打开和关闭的方法。

【实验步骤】

(1) 启动 Visual Basic 6.0。首先进入 Windows 系统(Windows 98、Windows 2000 或 Windows XP),在“开始”菜单中选择“程序”→“Microsoft Visual Basic 6.0 中文版”,进入 Visual Basic 6.0。

(2) 新建工程。启动 VB 后,出现“新建工程”对话框,如图 1-2 所示。

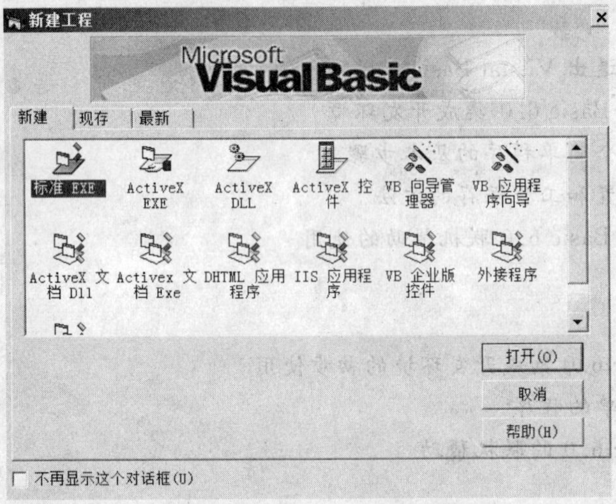

图 1-2　“新建工程”对话框

(3) 在“新建”选项卡中选择“标准 EXE”,点击“打开”按钮,则会出现 VB 集成开发环境的主界面,如图 1-3 所示。

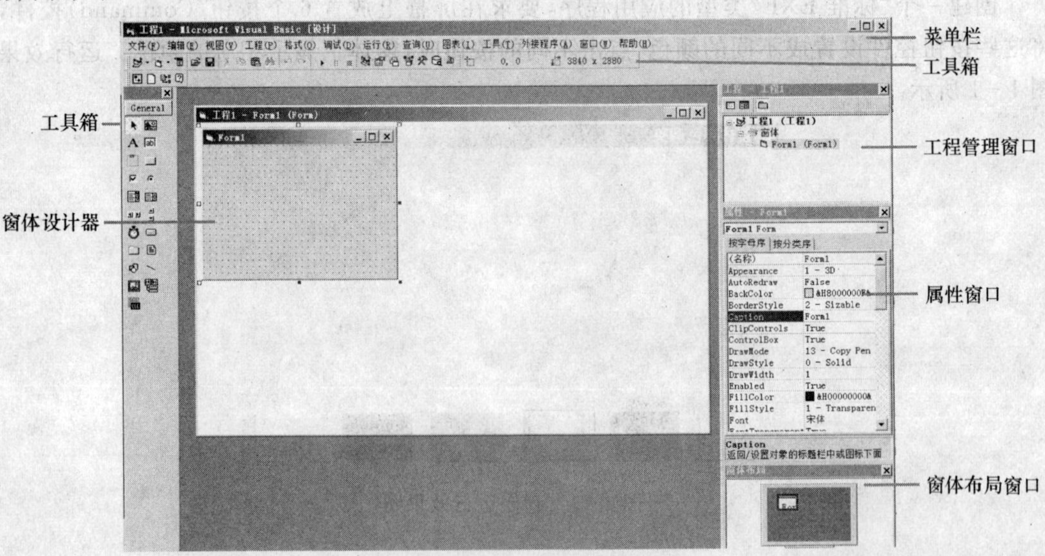

图 1-3　VB 集成开发环境

提示　工程管理器是一个有层次的树型结构，在树的根部，工程部件（包括窗体、模块等）都有树的分支。在窗口的上部，有“查看代码”、“查看对象”和“查看文件夹”三个工具按钮，如图 1－4 所示。

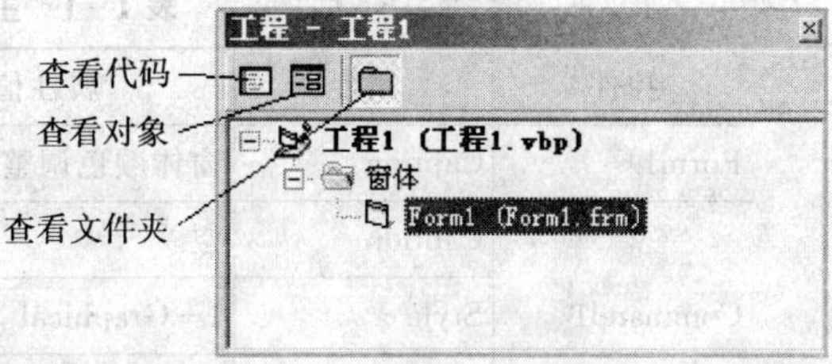

图 1－4　工程管理窗口

打开工程管理窗口有三种方法：

- 单击工具栏的按钮，可以选择或打开工程管理窗口；
- 选择菜单的“视图”→“工程资源管理器”；
- 直接使用快捷键“Ctrl ＋R”。

(4)使用工具箱中的命令按钮(Command)控件，在窗体设计器中的“Form1”窗口上画出 6 个命令按钮 Comamnd1～Command6，调整它们的大小、间距，并对齐，如图 1－5 所示。

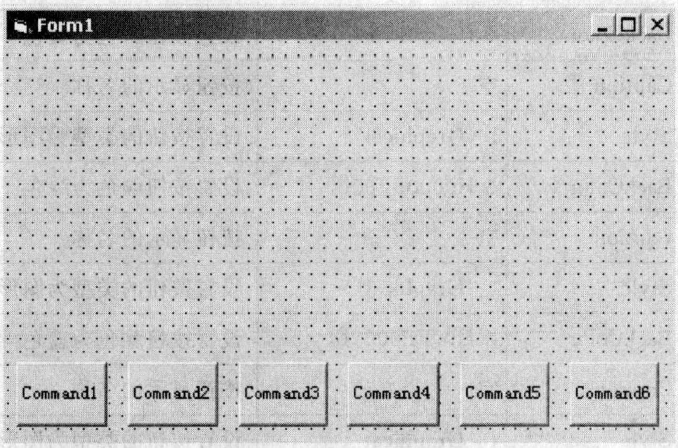

图 1－5　窗体设计界面

提示　工具箱在屏幕的左边，由工具图标组成，如图 1－6 所示。这些图标是 VB 应用程序的部件，也称为图形对象或控件(Control)。在缺省情况下，系统只显示 VB 提供的内部控件，如果希望将其他控件添加到当前工程的工具箱中，则需要选择“工程”菜单命令打开“部件”对话框来选择所需的部件。

“工具箱”的打开有两种方法：

- 单击工具栏的按钮，可以选择或打开工具箱；
- 选择菜单中的“视图”→“工具箱”。

调整技巧：在调整控件的大小、位置时，可以使用菜单中的“格式”选项对选中的控件进行对齐调整、尺寸调整和间距调整。但要注意，在调整前一定要选中要调整的控件。

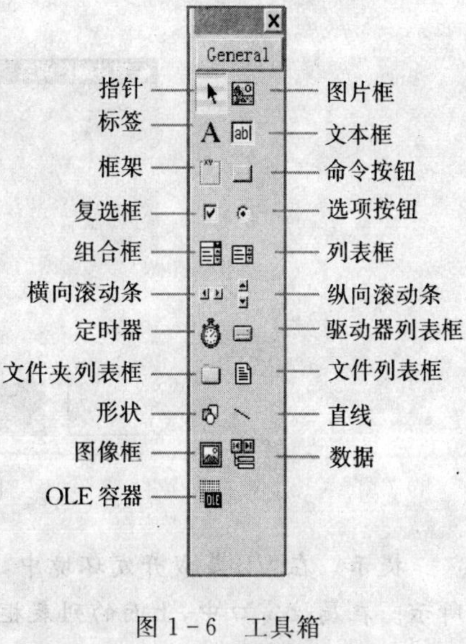

图 1－6　工具箱

(5) 设置控件属性。按表 1－1 设置控件的属性。设置完成后，效果如图 1－7 所示。

表 1-1　主要属性设置表

控件	属性	属性值	说明
Form1	Caption	窗体颜色调整	窗体的标题
Command1	Caption	空	按钮显示的名称
	Style	1 - Graphical	设置按钮的类型为图形按钮
	BackColor	&H8000000F&	设置按钮颜色为灰色
Command2	Caption	空	按钮显示的名称
	Style	1 - Graphical	设置按钮的类型为图形按钮
	BackColor	&H000000FF&	设置按钮颜色为红色
Command3	Caption	空	按钮显示的名称
	Style	1 - Graphical	设置按钮的类型为图形按钮
	BackColor	&H0000FFFF&	设置按钮颜色为黄色
Command4	Caption	空	按钮显示的名称
	Style	1 - Graphical	设置按钮的类型为图形按钮
	BackColor	&H0000FF00&	设置按钮颜色为绿色
Command5	Caption	空	按钮显示的名称
	Style	1 - Graphical	设置按钮的类型为图形按钮
	BackColor	&H00FF0000&	设置按钮颜色为蓝色
Command6	Caption	空	按钮显示的名称
	Style	1 - Graphical	设置按钮的类型为图形按钮
	BackColor	&H00FFFFFF&	设置按钮颜色为白色

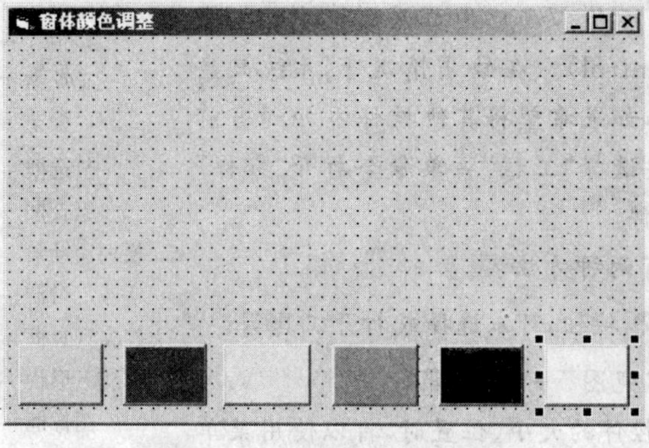

图 1-7　程序设计效果图

提示　在 VB 集成开发环境中，可以通过“属性”窗口来设置控件或对象的属性，如图 1-8 所示。在属性窗口中，上面的列表框中列出了窗体中的所有对象，而下面的列表用来对选中对象的属性值进行设置。

"属性"窗口的打开有三种方法：

- 单击工具栏的 按钮，可以选择或打开工具箱；
- 选择菜单的"视图"→"属性窗口"；
- 使用快捷键"F4"。

(6) 添加代码。在窗体设计完成后，就要给相应的控件添加代码。

① 首先给"Command1"添加代码。双击"Command1"，就会出现代码窗口如图 1-9 所示。

在代码编辑区内已自动生成 Command1 的 Click(单击)事件中添加代码如下。

```
Private Sub Command1_Click()
    Form1.BackColor = Command1.BackColor
End Sub
```

② 用同样的方法，分别给"Command2"～"Command6"添加代码。

```
Private Sub Command2_Click()
    Form1.BackColor = Command2.BackColor
End Sub

Private Sub Command3_Click()
    Form1.BackColor = Command3.BackColor
End Sub

Private Sub Command4_Click()
    Form1.BackColor = Command4.BackColor
End Sub

Private Sub Command5_Click()
    Form1.BackColor = Command5.BackColor
End Sub

Private Sub Command6_Click()
    Form1.BackColor = Command6.BackColor
End Sub
```

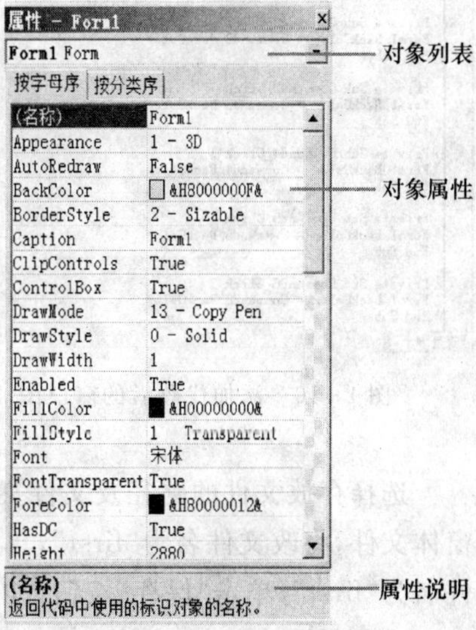

图 1-8　属性窗口

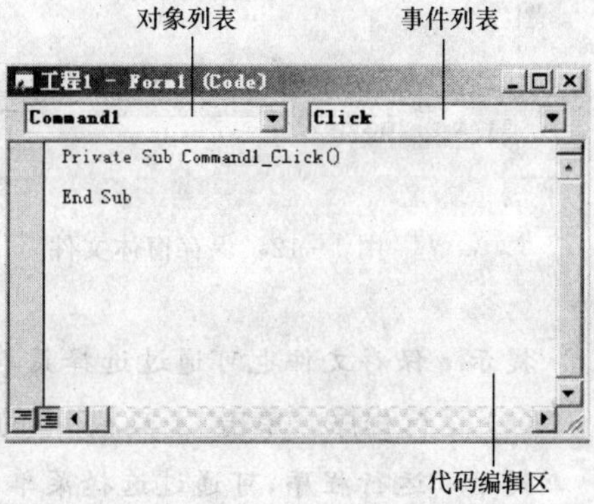

图 1-9　代码窗口

添加代码后的代码窗口如图 1-10 所示。

使用技巧　代码窗口的打开有三种方法：

- 单击工程管理窗口中的 按钮，可以选择或打开代码窗口；
- 选择菜单的"视图"→"代码窗口"；

• 可以双击选中的控件。

(7) 保存"工程"。单击工具栏中的,弹出"文件另存为"对话框,如图 1-11 所示。

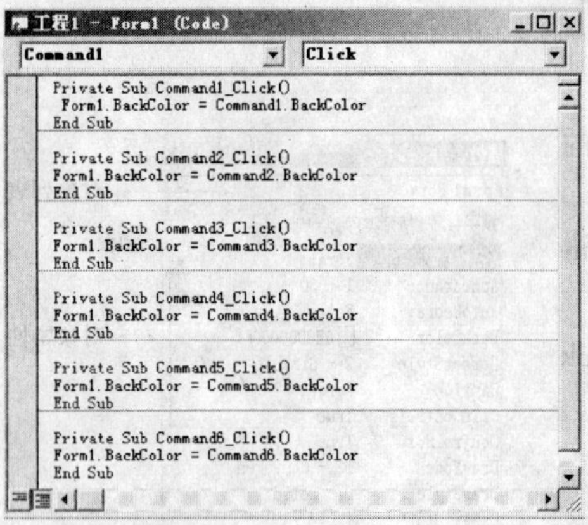

图 1-10 添加代码后的窗口图

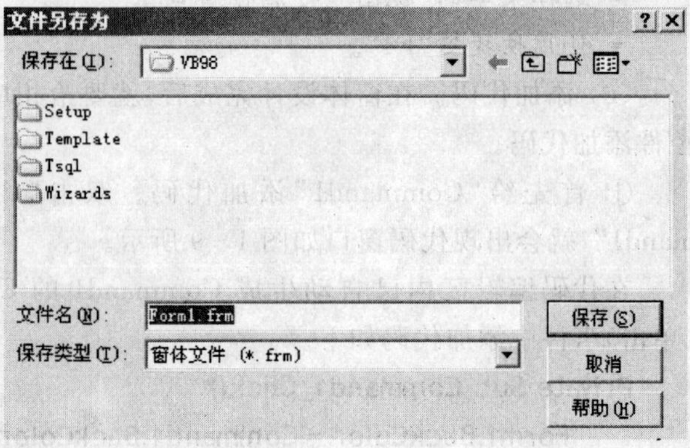

图 1-11 文件另存为对话框

选择存放文件的路径及文件夹。在这里,存放到 D 盘的 vbtest 文件夹下,首先保存的是窗体文件,将改文件名为"first",单击"保存"按钮,如图 1-12 所示。接着保存工程文件,改文件名为"first",单击"保存"按钮,如图 1-13 所示。

图 1-12 保存窗体文件

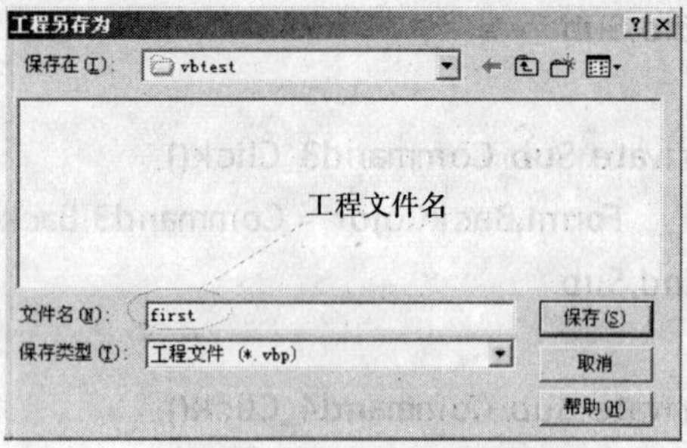

图 1-13 保存工程文件

提示 保存文件也可通过选择菜单中的"文件"→"保存工程"命令。

(8) 运行程序。单击"工具栏"中的按钮,运行程序。程序运行效果如图 1-1 所示。

提示 运行程序,可通过选择菜单中的"运行"→"启动"命令,也可以使用快捷键"F5"。

(9) 关闭工程,退出 VB 开发环境。

(10) 生成 EXE 文件。选择菜单栏的"文件"→"生成 first.exe...",生成可执行文件。

1.2 开发一个简单的程序

【实验要求】

改变标签的颜色。设计一窗体，打开窗体时，标签显示“世界你好！”，字为黑色。当单击“红色”按钮时，标签字体显示红色；当单击“还原”按钮时，标签显示黑色；当单击“退出”按钮时，结束程序运行。运行界面如图 1－14 所示。

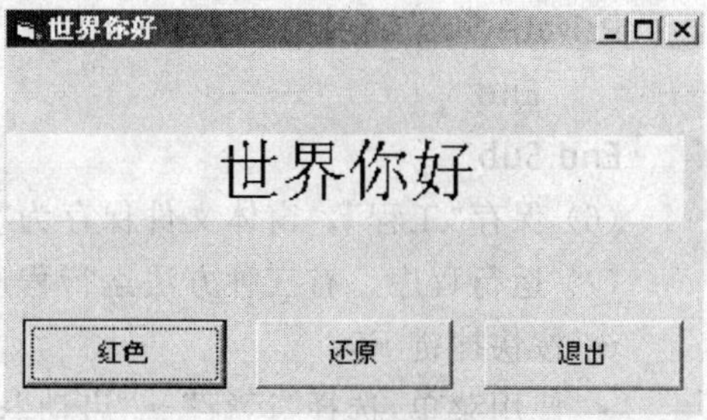

图 1－14 颜色的改变

【知识要点】

(1) 工程的建立。

(2) 代码的编写。

(3) 工程的保存。

(4) 工程的运行。

【设计思路】

标签颜色的改变可能通过 ForeColor(前景色)属性控制。

【实验步骤】

(1) 启动 Microsoft Visual Basic 6.0。

(2) 打开新的“标准 EXE”工程。

(3) 在窗体上放置 1 个标签和 3 个按钮，如图 1－14 所示。

(4) 主要属性设置如表 1－2 所示。

表 1－2 主要属性设置表

控件	属性	属性值	说明
Form1	Caption	世界你好	窗体的标题
Label1	Caption	世界你好	标签显示的名称
	Font	宋体 小一	标签字体的格式
	BackColor	&H0080FFFF&	标签的背景色
	Alignment	2－Center	对齐格式居中
Command1	Caption	红色	按钮显示的名称
Command2	Caption	还原	按钮显示的名称
Command3	Caption	退出	按钮显示的名称

(5) 编码实现功能。

① 在 Command1 的单击事件中加入以下代码。

```
Private Sub Command1_Click()
    Label1.ForeColor = vbRed
End Sub
```

② 在 Command2 的单击事件中加入以下代码。

```
Private Sub Command2_Click()
    Label1.ForeColor = vbBlack
End Sub
```

③ 在 Command3 的单击事件中加入以下代码。

```
Private Sub Command3_Click()
    End
End Sub
```

(6) 保存"工程"。窗体文件保存为"form1. frm",工程文件保存为"工程 1. vbp"。

(7) 运行程序。有三种方法运行程序:

- 按快捷键 F5;
- 使用菜单,选择"运行"→"启动";
- 直接单击工具栏上的按钮 ▶。

(8) 生成 EXE 文件。选择菜单栏的"文件"→"生成 form1. exe...",生成可执行文件。

1.3 Visual Basic 6.0 的联机帮助

【实验要求】

使用 Visual Basic 6.0 联机帮助,查找需要的帮助信息。

【实验步骤】

(1) 启动 Visual Basic 6.0 后,执行"帮助"菜单中的"内容"、"索引"或"搜索"菜单项,都会打开"MSDN Liberary Visual Studio 6.0"主窗口,如图 1-15 所示。

图 1-15 "MSDN Library Visual Studio 6.0"主窗口

(2) 单击"索引"选项卡,在"键入要查找的关键字"栏内输入要查找的关键字。例如,输入"Click 方法",然后单击显示按钮,将显示"已找到的主题"对话框,在该对话框中选择"Click 方法",然后单击显示按钮。

(3) 读者可以再试着输入几个关键字体会一下。

习题 1

练习一　通过按钮显示或隐藏文本框。当单"显示"按钮时，文本框显示，当单击"隐藏"按钮时，文本框消失。运行效果如图 1-16 所示。

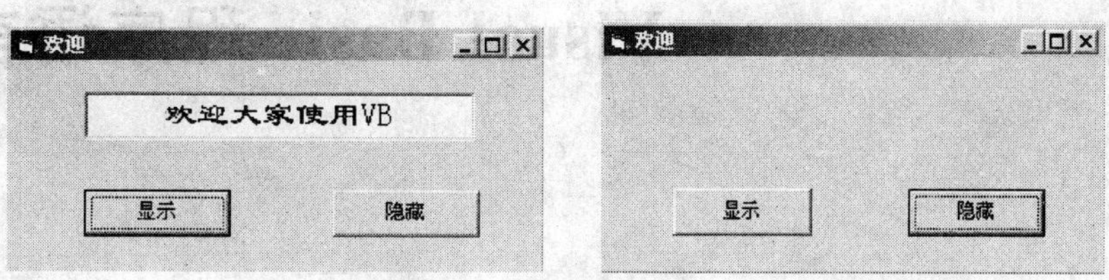

图 1-16　练习一运行效果图

练习二　在窗体上画一个文本框，程序运行时，文本框中什么也不显示；当单窗体时，文本框中显示"你单了窗体"；当双击窗体时，显示"你双击了窗体"。运行效果如图 1-17 所示。

图 1-17　练习二运行效果图

练习三　设计一窗体，计算任意两个整数的和，并将结果显示在文本框中。运行效果如图 1-18 所示。在前两个文本框中输入加数和被加数，单击"="按钮，将会在第三个文本框中显示两数的和。

（提示　"+"用标签实现，"="用按钮实现）

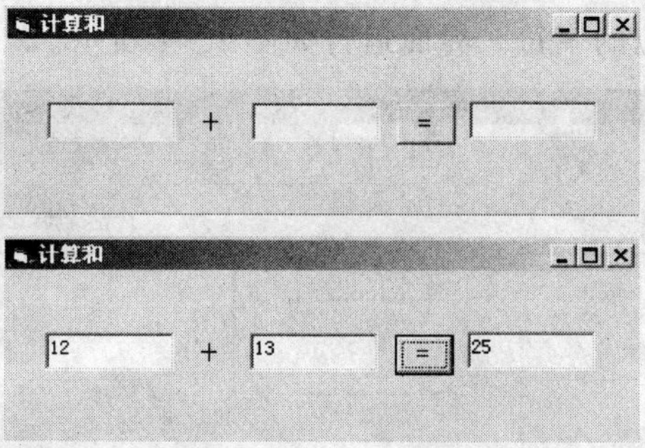

图 1-18　练习三运行效果图

第 2 章

Visual Basic 程序语言基础

实验目的

- 掌握 Visual Basic 6.0 的数据类型
- 掌握常量、变量的声明方法及命名规则
- 掌握算术运算符、字符串运算符、日期运算符的功能以及表达式的构成和求值
- 掌握常用内部函数的形式、功能和用法

实验内容

- ASCII 码转换器
- 计算三角形的面积与周长
- 加法练习器

2.1 ASCII 码转换器

【实验要求】

设计一个窗体，点击"≫"按钮，可将输入的字符转换成 ASCII 码，也可点击"≪"按钮，将输入的 ASCII 码转换成相应的字符。界面运行如图 2-1 所示。

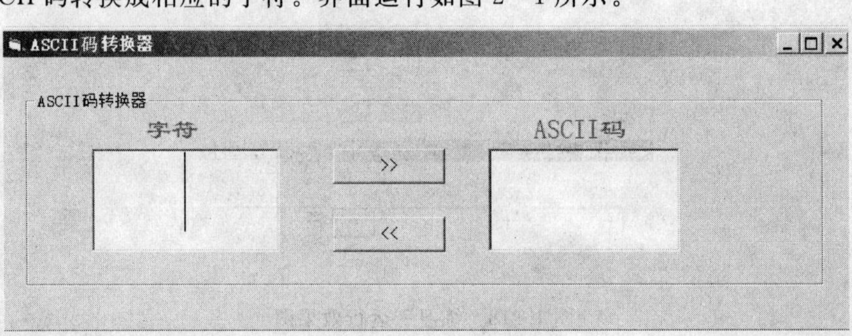

图 2-1 ASCII 码转换器

当在"字符"中输入字符时，点击"≫"按钮，就可在"ASCII 码"文本框中显示该字符相应的 ASCII 码值；当在"ASCII 码"文本框中输入 ASCII 码时，点"≪"按钮，就可在"字符"文本框中显示相应的字符。

【知识要点】

(1) Chr(n)函数:将 n 的值转换成对应的 ASCII 字符。

(2) Asc(n)函数:返回字符串 s 中首字符的 ASCII 码值。

(3) Val(n)函数:将数字字符串转换成相应的数值。

【实验步骤】

(1) 启动 Microsoft Visual Basic 6.0。

(2) 打开新的“标准 EXE”工程。

(3) 在窗体上放置 1 个框架,2 个标签,2 个文本框和 2 个命令按钮,如图 2-1 所示。

注意:一定要先放置框架,再放置其他的控件。

(4) 主要属性设置如表 2-1 所示。

表 2-1 主要属性设置表

控件	属性	属性值	说明
Form1	Caption	ASCII 码转换器	窗体的标题
Frame	Caption	ASCII 码转换器	框架的名称
Label1	Caption	字符	标签显示的名称
	Font	隶书 四号	标签的字体和字号
	ForeColor	&H00404080&	标签字体的颜色
Label2	Caption	ASCII 码	标签显示的名称
	Font	隶书 四号	标签的字体和字号
	ForeColor	&H00404080&	标签字体的颜色
Text1	Text	空	文本框中显示的内容为空白
Text2	Text	空	文本框中显示的内容为空白
Command1	Caption	≫	按钮显示的名称
Command2	Caption	≪	按钮显示的名称

(5) 编码实现功能。

```
Private Sub Command1_Click()
    Text2.Text = Asc(Text1.Text)
End Sub

Private Sub Command2_Click()
    Text1.Text = Chr(Val(Text2.Text))
End Sub
```

(6) 保存“工程”并运行程序。

(注意:文本框一定要输入数据。)

2.2 计算三角形的面积与周长

【实验要求】

设计一个应用程序,要求通过输入三角形的三条边计算出三角形面积。运行界面如图 2-2 所示。

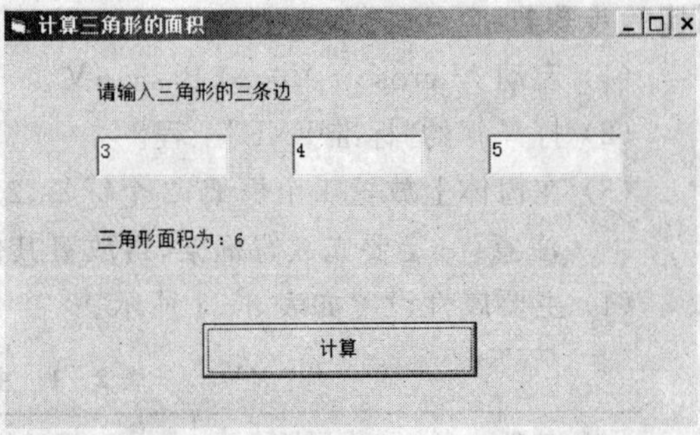

图 2-2 计算三角形的面积

【知识要点】

(1) 表达式的书写。

(2) 变量的定义。

【设计思路】

先明确用海伦公式求三角形面积的数学方法,然后再写成计算机表达式。

三角形的面积 S 可由以下公式求得:

$$S=\sqrt{p(p-a)(p-b)(p-c)}$$

其中 p 为半周长:$p=(a+b+c)/2$。

所以,只要先求出半周长,再利用公式就可计算出三角形面积。

【实验步骤】

(1) 启动 Visual Basic 6.0。

(2) 打开新的“标准 EXE”工程。

(3) 在窗体上放置 2 个标签,3 个文本框和 1 个命令按钮,如图 2-2 所示。

(4) 主要属性设置如表 2-2 所示。

表 2-2 主要属性设置表

控件	属性	属性值	说明
Form1	Caption	计算三角形的面积	窗体的标题
Label1	Caption	请输入三角形的三条边	标签显示的名称
Label2	Caption	空	标签显示的名称为空白
Text1	Name	txta	文本框的名称
	Text	空	文本框中显示的内容为空白
Text2	Name	txtb	文本框的名称
	Text	空	文本框中显示的内容为空白
Text3	Name	txtc	文本框的名称
	Text	空	文本框中显示的内容为空白
Command1	Caption	计算	按钮显示的名称

(5) 编码实现功能。

```
Private Sub Command1_Click()
    Dim s As Double                                        's用于存放三角形面积
    Dim p As Double                                        'p用于存放半周长
    Dim a As Double, b As Double, c As Double              'a,b,c分别用于存放三个边长
    a = Val(txta.Text)
    b = Val(txtb.Text)
    c = Val(txtc.Text)
    p = (a+b+c) / 2                                        '计算半周长p
    s = Sqr(p* (p- a)* (p- b)* (p- c))                     '求三角形面积
    Label2.Caption ="三角形面积为:" & s
End Sub
```

(6)保存"工程"并运行。

【更进一步】

在使用海伦公式时,有一个条件必须成立,就是两边之和必须大于第三边,所以在计算三角形面积之前必须进行判断,即要保证下式成立:

$$(p-a)(p-b)(p-c)\geqslant 0$$

用计算机语言表示为:

```
If (p- a)* (p- b)*  (p- c)> = 0 Then
  …(计算面积)
Else
  …(显示出错信息)
End If
```

所以将如上代码修改如下(加粗部分代表修改后的代码)

```
Private Sub Command1_Click()
    Dim s As Double                                        's用于存放三角形面积
    Dim p As Double                                        'p用于存放半周长
    Dim a As Double, b As Double, c As Double              'a,b,c分别用于存放三个边长
    a = Val(txta.Text)
    b = Val(txtb.Text)
    c = Val(txtc.Text)
    p = (a+b+c)/2                                          '计算半周长p
    If p* (p- a)* (p- b)* (p- c)>=0 Then
        s = Sqr(p* (p- a)* (p- b)* (p- c))                 '求三角形面积
        Label2.Caption ="三角形面积为:" & s
    Else
        Label2.Caption ="这三边不构成三角形!"
    End If
End Sub
```

2.3　加法练习器

【实验要求】

设计一个窗体,可以产生任意两个[1,100]之间的随机整数。当点击“下一题”时,可自动生成 1 道新题,最多可生成 10 道题;当所有题做完后显示最后的答题情况。在做每一道题时,可以通过点击“提示”按钮得到提示。运行效果如图 2-3 所示。

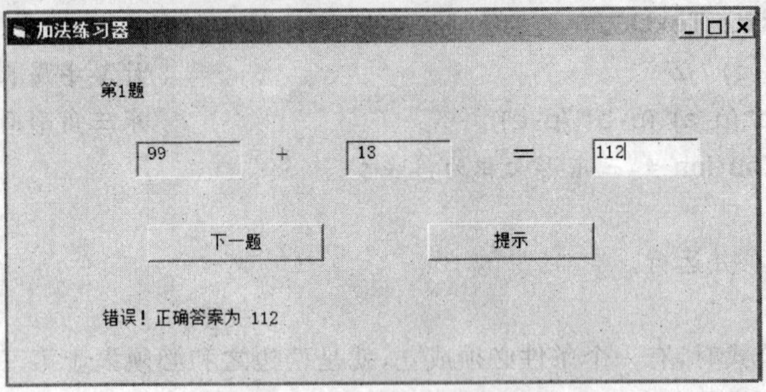

图 2-3　加法练习器

【知识要点】

(1) 字符串表达式的输写。

(2) 常量的定义和使用。

(3) 变量的定义和使用。

(4) Rnd()函数:随机函数,可以随机产生(0,1)之间的数。

(5) Str(number)函数:将数值转换成数字字符串。

(6) Int(number)函数:取整函数。

【设计思路】

设计此程序,要解决以下两大问题。

(1) [1,100]间的随机数的产生。对于此问题,我们要用到随机函数 Rnd(),这个函数只能随机产生(0,1)之间的实数,所以要产生[1,100]的整数,除了要给产生的实数乘以 100 加 1 外,还要对它进行取整。所以,得到以下的式子:

```
int(1+rnd()*100)
```

(2)题目个数的判断,包括正确数和错误数。为解决这个问题,需要定义 3 个变量:num 记录已经做题的总数;right 记录做对的题目数;wrong 记录做错的题目数。每做完一题,要给 num 加 1,然后判断此题是否做对,若做对,则给 right 加 1;若做错,则给 wrong 加 1。

【实验步骤】

(1) 启动 Visual Basic 6.0。

(2) 打开新的“标准 EXE”工程。

(3) 在窗体上放置 6 个标签,1 个文本框和 2 个命令按钮,如图 2-4 所示。

(4) 主要属性设置如表 2-3 所示。

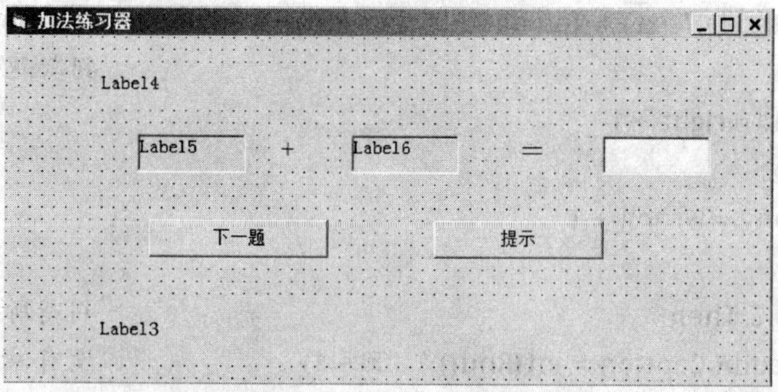

图 2-4 “加法练习器”设计窗体

表 2-3 主要属性设置表

控件	属性	属性值	说明
Form1	Caption	加法练习器	窗体的标题
Label1	Caption	+	标签显示为+
Label2	Caption	=	标签显示为=
Label3	Caption	空	标签显示的名称为空白
Label4	Caption	空	标签显示内容保持默认值
Label5	Name	LabaddA	将标签的名称改为 LabaddA
	BorderStyle	1 - Fixed Single	设置标签的边框为单边固定
Label6	Name	LabaddB	将标签的名称改为 LabaddB
	BorderStyle	1 - Fixed Single	设置标签的边框为单边固定
Text1	Name	txtaddr	文本框的名称
	Text	空	文本框中显示的内容为空白
Command1	Name	cmdnext	文本框的名称
	Caption	下一题	按钮显示的名称
Command2	Name	cmdprompt	文本框的名称
	Caption	提示	按钮显示的名称

(5) 编写代码如下。

```
Const C =  10                                    '定义常量,表示最多可做多少题
'定义三个变量,right 记录做对的题目数,wrong 记录做错的题目数,num 记录已经做题的总数
Dim right As Integer
Dim wrong As Integer
Dim num As Integer
'"下一题"按钮单击事件
Private Sub cmdnext_Click()
    Label3.Caption = ""
```

```
    If Val(txtaddr.Text) = Val(labaddA.Caption) + Val(labaddB.Caption) Then
                                                          '判断题目是否做对
        right = right + 1
    Else
        wrong = wrong + 1
    End If
    If num < C Then                                       '判断所有题是否做完
        labaddA.Caption = Int(Rnd() * 100 + 1)            '没有做完,产生新题
        labaddB.Caption = Int(Rnd() * 100 + 1)
        num = num + 1
        Label4.Caption = "第" & Str(num) & "题"            '显示目前是第几题
        txtaddr.Text = ""
        txtaddr.SetFocus
    Else
      Label3.Caption = "答题结束! 成绩为:正确:" & Str(right) & _
                          "错误:" & Str(wrong)
                                                          '题目做完,显示做题情况
    End If
End Sub
'"提示"按钮单击事件
Private Sub cmdprompt_Click()
    If Val(txtaddr.Text) = Val(labaddA.Caption) + Val(labaddB.Caption) Then
                                                          '给出答案
        Label3.Caption = "正确!"
    Else
        Label3.Caption = "错误! 正确答案为" & Str(Val(labaddA.Caption) +  _
                             Val(labaddB.Caption))
    End If
End Sub
                                                          '初始化所有变量
Private Sub Form_Load()
    right = 0
    wrong = 0
    num = 1
    Label4.Caption = "第 1 题"
    Randomize
    labaddA.Caption = Str(Int(Rnd() * 100 +1))
    labaddB.Caption = Str(Int(Rnd() * 100 +1))
End Sub
```

(6)保存“工程”并运行程序。

【更进一步】

如果希望当输入完结果后按回车键就可进入下一题的计算，那么可以添加一个文本框 txtaddr 的 KeyPress 事件并在事件中添加代码，当在文本框 txtaddr 中输入回车时，则完成和按下“下一题”按钮相同的结果。回车键的 ASCII 码为 13，具体代码如下：

```
Private Sub txtaddr_KeyPress(KeyAscii As Integer)
    If KeyAscii = 13 Then
        Call cmdnext_Click
    End If
End Sub
```

习题 2

练习一　理解大小写转换函数，在文本框中输入英文字母，按“大写”按钮，文本框中的字母变成大写；按“小写”按钮，文本变成小写。运行界面如图 2-5 所示。

图 2-5　练习一运行界面

练习二　编写一个华氏温度与摄氏温度之间转换的程序。当单击“≫”按钮时，可以将华氏温度转换为摄氏温度；当单击“≪”按钮时，可以将摄氏温度转换成华氏温度。运行界面如图 2-6 所示。

华氏温度与摄氏温度转换的公式为：

$$F=\frac{9}{5}C+32$$

$$C=\frac{5}{9}(F-32)$$

其中：F 为华氏，C 为摄氏。

图 2-6　练习二运行界面

（提示　在使用时，至少有一个文本框有值，即华氏转摄氏时，要保证左边的文本框有值，摄氏转华氏时，要保证右边的文本框有值。）

练习三　在窗体中画一个标签，用于显示当前的时间、日期或星期几。当单击“日期”时，在标签中显示当前系统日期；当单击“时间”时，显示当前系统时间；当单击“星期”时，显示星期几。运行界面如图 2-7 所示。

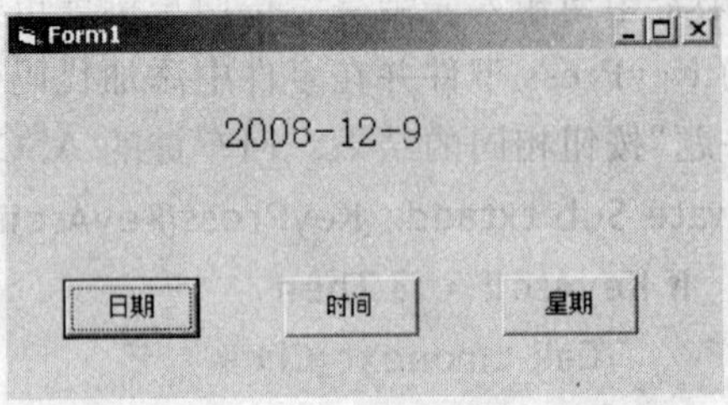

图 2-7　练习三运行界面

第 3 章

可视化程序设计初探

实验目的

- ➢ 了解可视化编程的方法
- ➢ 掌握窗体的设计方法
- ➢ 掌握代码的编写与调试

实验内容

- ➢ 窗体事件实例
- ➢ 移动的小汽车
- ➢ 简单文本设置

3.1 窗体事件实例

【实验要求】

在窗体上设计一个 label 控件并编写代码。当刚开始运行时，label 显示“你什么也没操作！”；当单击窗体时，label 显示“你单击了窗体！”；当双击窗体时，labcl 显示“你双击了窗体！”。运行效果如图 3-1 所示。

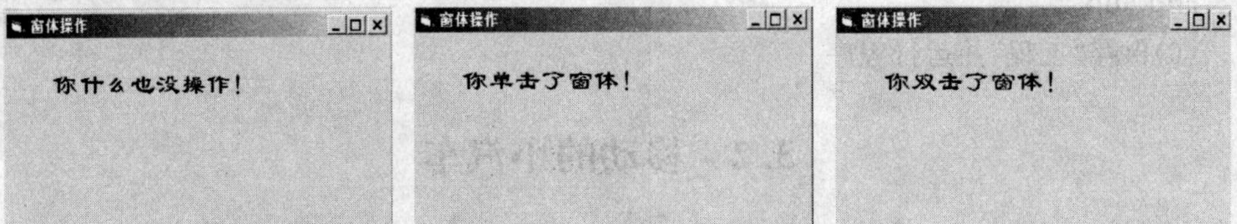

(a)运行程序后窗体的效果　　(b)单击窗体后　　(c)双击窗体后

图 3-1　窗体运行效果

【知识要点】

窗体代码的编写。

【设计思路】

通过窗体不同的事件，在标签中显示事件的动作名称。

【实验步骤】

(1) 启动 Visual Basic 6.0。

(2) 打开新的“标准 EXE”工程。

(3) 在窗体上放置 1 个标签。如图 3-2 所示。

(4) 主要属性设置如表 3-1 所示。

图 3-2 设计界面

表 3-1 主要属性设置表

控件	属性	属性值	说明
Form1	Caption	窗体操作	窗体的标题
Label1	Caption	空	标签显示的名称
	Font	隶书 三号	标签的字体和字号

(5) 编写程序如下。

```
Private Sub Form_Click()
    Label1.Caption ="你单击了窗体!"
End Sub

Private Sub Form_DblClick()
    Label1.Caption ="你双击了窗体!"
End Sub

Private Sub Form_Load()
    Label1.Caption ="你什么也没操作!"
End Sub
```

(6)保存“工程”并运行程序。

3.2 移动的小汽车

【实验要求】

在窗体上显示一个移动的汽车,通过调整滚动条滑块的位置,可以改变小汽车的的移动速度。滑块移动到最左边,速度最快;滑块移到最右边,速度最慢。当小汽车移动到窗体外面时,从窗体的另一边进入窗体,继续移动。运行效果如图 3-3 所示。

【知识要点】

(1) 窗体的设计方法。

(2) 代码的编写方法。

【设计思路】

这个程序的关键是解决以下两个问题。

图 3-3　移动的小汽车

(1) 让图片移动。让图片移动只需改变图片的位置。确定图片位置的属性有两个,分别为 Top 和 Left。在这里,图片只是横向移动,所以只需改变 Left 的值即可。将 Left 的值变大,图片向右移;Left 变小,图片左移。

(2) 让图片连续地运动。这就需要定时器,每隔一段时间调整一次图片的位置。这个间隔时间越长,小汽车移动的速度越慢;间隔越短,则移动得越快。间隔时间的长短由定时器的 Interval属性来确定。

注:控件的使用方法参见课本第 5 章,或是 VB 的帮助。

【实验步骤】

(1) 启动 Microsoft Visual Basic 6.0。

(2) 打开新的"标准 EXE"工程。

(3) 在窗体上放置 1 个图片框,2 条直线,1 个横向滚动条,2 个标签和 1 个定时器,如图 3-3 所示。

(4) 主要属性设置如表 3-2 所示。

表 3-2　主要属性设置表

控件	属性	属性值	说明
Form1	Caption	开汽车	窗体的标题
Picture1	Borderstyle	0 - None	图片框无线条
	Picture	C:\ProgramFiles\Microsoft Office\MEDIA\CAGCAT10\0212957. wmf	设置图片的路径和图片文件名
Line1	BorderColor	&H80000003&	设置直线的颜色
	BorderWidth	10	设置直线的宽度
Line2	BorderColor	&H80000003&	设置直线的颜色
	BorderWidth	10	设置直线的宽度
HScroll1	Max	1000	滚动条的最大值为 1000
	Min	10	滚动条的最小值为 10
	Value	1000	滚动条的当前值为 1000
Label1	Caption	最快	标签显示的名称
Label2	Caption	最慢	标签显示的名称
Timer1	Interval	1000	定时器的时间间隔为 1000 (1 秒)

(5) 编写程序如下。

```
Private Sub Form_Load()
    Picture1.Left = Picture1.Width
    Picture1.Top = 500
End Sub

Private Sub HScroll1_Change()
    Timer1.Interval = HScroll1.Value
End Sub

Private Sub HScroll1_Scroll()
    Timer1.Interval = HScroll1.Value
End Sub

Private Sub Timer1_Timer()
    Picture1.Left = Picture1.Left - 400
    If Picture1.Left + Picture1.Width < 0 Then
      Picture1.Left = Form1.ScaleWidth
    End If
End Sub
```

(6)保存“工程”并运行程序。

3.3 简单文本设置

【实验要求】

设计一个窗体,如图 3-4 所示。当单击某个命令按钮时,对文本框中的文字完成相应的设置,其中“增大”或“缩小”按钮将使文本框中的文字增大或缩小 5 磅;“斜体字”按钮将文本框中的文字变成斜体;“字体加粗”按钮将文本框中的文字加粗。选择不同的字体颜色,文本框中文字的颜色进行相应的改变。

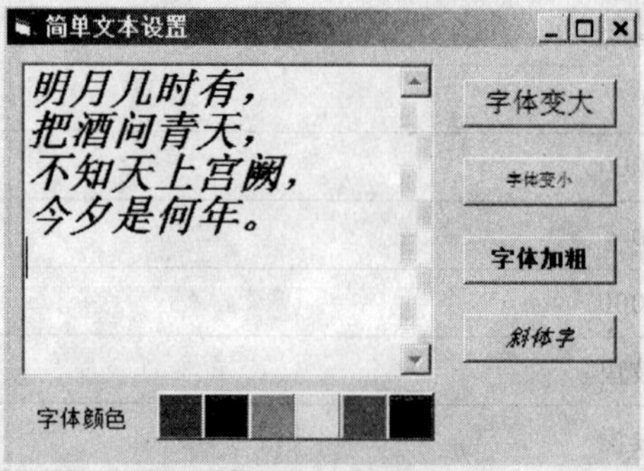

图 3-4 简单文本设置

【知识要点】

(1) 窗体和控件的排列方法。

(2) 代码的编写与调试。

【设计思路】

通过不同的按钮,改变文本框相应的属性值。如要改变字体颜色就改变文本框的ForeColor属性;要改变字体的大小就改变文本框的 Font Size 属性。

【实验步骤】

(1) 启动 Visual Basic 6.0。

(2) 打开新的"标准 EXE"工程。

(3) 在窗体上放置 1 个文本框,10 个按钮,1 个标签,如图 3－4 所示。

(4) 主要属性设置如表 3－3 所示。

表 3－3　主要属性设置表

控件	属性	属性值	说明
Form1	Caption	简单文本设置	
Text1	MultiLine	True	文本框可以多行显示
	ScrollBars	2－Vertical	设置文本框有竖滚动条
	Text	明月几时有, 把酒问青天, 不知天上宫阙, 今夕是何年。	注:按 Ctrl＋回车可换行
Command1	Caption	字体变大	
	Name	cmdbig	
	Font	四号	
Command2	Caption	字体变小	
	Name	cmdsmall	
	Font	小六号	
Command3	Caption	字体加粗	
	Name	cmdbold	
	Font	粗体	
Command4	Caption	斜体	
	Name	cmditalic	
	Font	斜体	
Command5	Name	cmdred	
	Caption	空	
	BackColor	&H000000FF&	按钮显示红色
	Style	1－Graphical	

续表 3-3

控件	属性	值	说明
Command6	Name	cmdblue	
	Caption	空	
	BackColor	&H00FF0000&	按钮显示蓝色
	Style	1 - Graphical	
Command7	Name	cmdgreen	
	Caption	空	
	BackColor	&H0000FF00&	按钮显示绿色
	Style	1 - Graphical	
Command8	Name	cmdyellow	
	Caption	空	
	BackColor	&H0000FFFF&	按钮显示黄色
	Style	1 - Graphical	
Command9	Name	cmdpurple	
	Caption	空	
	BackColor	&H00FF00FF&	按钮显示紫色
	Style	1 - Graphical	
Command10	Name	cmdblack	
	Caption	空	
	BackColor	&H00000000&	按钮显示黑色
	Style	1 - Graphical	
Label1	Caption	字体颜色	

(5) 编写程序如下。

```
Private Sub cmdbig_Click()
    Text1.FontSize = Text1.FontSize + 1          '设置文本字体变大
End Sub

Private Sub cmdblack_Click()
    Text1.ForeColor = cmdblack.BackColor         '设置文本框中字体颜色为黑色
End Sub

Private Sub cmdblue_Click()
    Text1.ForeColor = cmdblue.BackColor          '设置字体颜色为蓝色
End Sub
```

```
Private Sub cmdbold_Click()
    Text1.FontBold = True                    '设置文本字体加粗
End Sub

Private Sub cmdgreen_Click()
    Text1.ForeColor = cmdgreen.BackColor     '设置文本字体为绿色
End Sub

Private Sub cmditalic_Click()
    Text1.FontItalic = True                  '设置字体为斜体
End Sub

Private Sub cmdpurple_Click()
    Text1.ForeColor = cmdpurple.BackColor    '设置字体颜色为紫色
End Sub

Private Sub cmdred_Click()
    Text1.ForeColor = cmdred.BackColor       '设置字体颜色为红色
End Sub

Private Sub cmdsmall_Click()
    Text1.FontSize = Text1.FontSize - 1      '设置字体字号减小
End Sub

Private Sub Cmdyellow_Click()
    Text1.ForeColor = cmdyellow.BackColor    '设置字体颜色为黄色
End Sub
```

习题 3

练习一　设计一个窗体，其中包含三个标签，如图 3－5 所示。当用鼠标单击任何一个标签时，其他两个标签的标题文本互换。

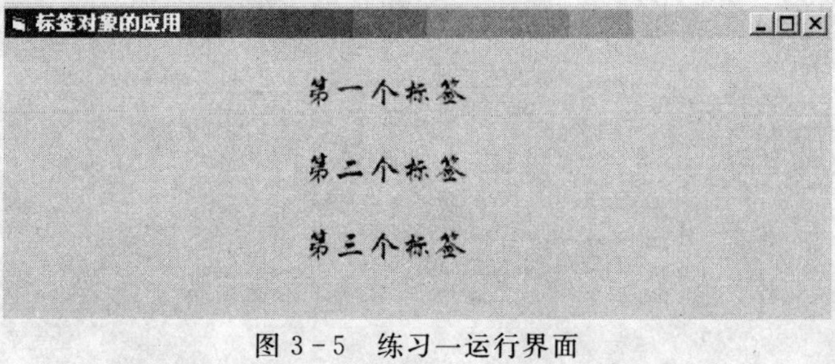

图 3－5　练习一运行界面

(提示　用到的是 Label 控件的 Click 事件,只需在代码中将两个标签的 Caption 属性值进行互换即可。)

练习二　设计一个窗体,当在窗体上双击鼠标时能将窗体最大化,且窗体背景着色设为蓝色。

(提示　使用的是窗体的 DblClicke 事件(双击事件),在代码中修改窗体的 BackColor(背景色)属性和 WindowState(窗体状态)属性。)

练习三　设计程序,其界面由 1 个文本框和 3 个命令按钮组成。在程序运行时,当单击"显示"命令按钮,则在文本框中显示"学习 Visual Basic 程序设计",单击"清除"命令按钮,则清除文本框中的内容,单击"退出"命令按钮,程序结束运行。运行界面如图 3-6 所示。

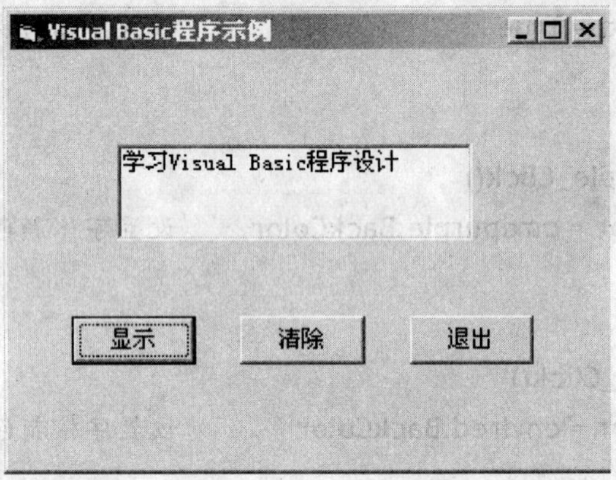

图 3-6　练习三运行界面

第 4 章

Visual Basic 程序设计

实验目的

- 进一步理解对角（窗体和控件）、属性、事件、方法等概念
- 基本掌握顺序结构、选择结构、循环结构程序设计方法
- 基本掌握输入输出函数和语句的用法
- 掌握过程的使用方法

实验内容

- 计算梯形面积
- 商品总价计算
- 登录窗口设计
- 个人所得税计算器
- 猜数字
- 求 m 和 n 之间的所有奇数之和
- 输出九九乘法表
- 学生成绩统计
- 求 n!
- 求星期几

4.1 计算梯形面积

【实验要求】

利用输入函数 InputBox 输入梯形的上底、下底和高的值，利用输出函数输出梯形的面积。运行界面如图 4-1 所示。

【预备知识】

(1) 顺序结构程序设计方法。

(2) InputBox 函数的格式与使用。

(3) MsgBox 函数的格式与使用。

【程序分析】

梯形面积的计算公式为

$$(上底+下底)\times 高/2$$

计算前先利用 InputBox 函数方法输入上底、下底和高的值，由于输入的是字符型，所以要先用 Val 函数将其转换成数值型后才可以计算。

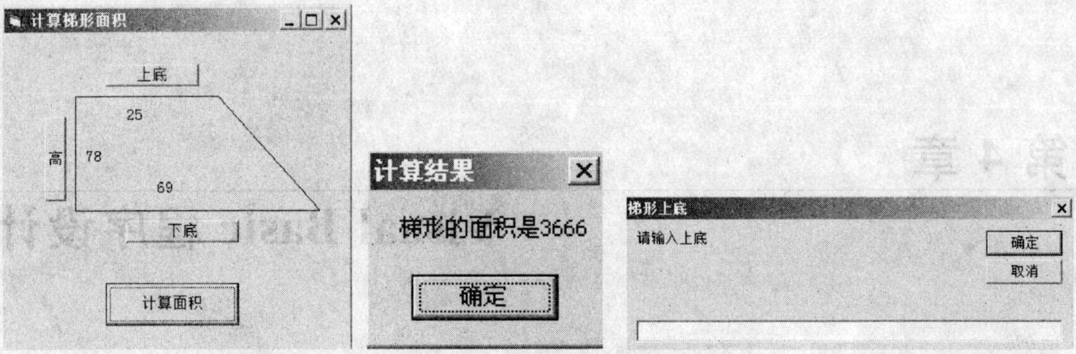

(a) 主窗体　　(b)输出结果　　(c)输入参数

图 4-1　计算梯形面积

【实验步骤】

(1) 启动 Visual Basic 6.0。

(2) 打开新的“标准 EXE”工程。

(3) 在窗体上放置 4 条直线,4 个命令按钮,3 个标签,如图 4-1(a)所示。

(4) 主要属性设置如表 4-1 所示。

表 4-1　主要属性设置表

控件	属性	属性值	说明
Form1	Caption	计算梯形面积	
line1	BorderWidth	2	将这四条直线拼成一个梯形
line2	BorderWidth	2	
line3	BorderWidth	2	
line4	BorderWidth	2	
Command1	Name	cmdtop	
	Caption	上底	
Command2	Name	cmdfloor	
	Caption	下底	
Command3	Name	cmdhigh	
	Caption	高	
Command4	Name	cmdcomputer	
	Caption	计算面积	
Label1	Name	labtop	
	Caption	空	
Label2	Name	labfloor	
	Caption	空	
Label3	Name	labhigh	
	Caption	空	

（5）编写程序。

① 在 Cmdcomputer_Click 中加入如下代码。

```
Private Sub Cmdcomputer_Click()
    Dim area as Double, t as Double
    Dim h as Double, f as Double
    t = Val(labtop.Caption)
    f = Val(labfloor.Caption)
    h = Val(labhigh.Caption)
    area = (t + f) * h / 2
    MsgBox "梯形的面积是" & area, vbOKOnly, "计算结果"
End Sub
```

② 在 cmdfloor_Click 中加入如下代码。

```
Private Sub cmdfloor_Click()
    labfloor.Caption = InputBox("请输入下底", "梯形下底")
End Sub
```

③ 类似地在 cmdhigh_Click 中和 Cmdtop_Click 中分别加入如下代码。

```
Private Sub cmdhigh_Click()
    labhigh.Caption = InputBox("请输入高", "梯形高")
End Sub

Private Sub Cmdtop_Click()
    labtop.Caption = InputBox("请输入上底", "梯形上底")
End Sub
```

（6）保存“工程”并运行程序。

4.2 商品总价计算

【实验要求】

要求用文本框输入三种商品的单价和购买数量，计算出商品的总价值，并在另一个窗体上用 Print 语句显示出所有信息。运行效果如图 4－2 所示。

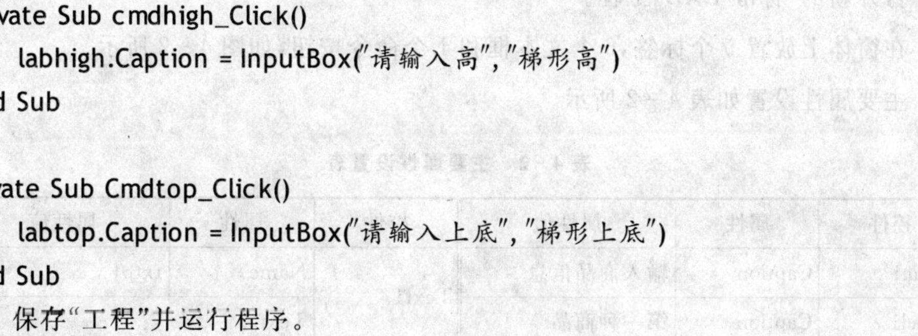

图 4－2 计算商品总价

【预备知识】

(1) 顺序结构程序设计方法。

(2) Print 语句的使用。

(3) 窗体之间的调用。

【程序分析】

假设这三种商品的价格分别是 p1,p2,p3,数量分别是 c1,c2,c3,那么,这三种商品的总价为:p1 * c1+p2 * c2+p3 * c3。

Print 的调用格式为

对象.Print 字符串

要将这些信息输出到另一个窗体 form2,那么语句就写为

form2.Print "商品总价为…"

【实验步骤】

(1) 启动 Visual Basic 6.0。

(2) 打开新的"标准 EXE"工程。

(3) 在窗体上放置 5 个标签,6 个文本框和 1 个命令按钮,如图 4-2 所示。

(4) 主要属性设置如表 4-2 所示。

表 4-2 主要属性设置表

控件	属性	属性值	控件	属性	属性值
Form1	Caption	输入商品信息	Text1	Name	txtp1
Label1	Caption	第一种商品		Text	空
Label2	Caption	第二种商品	Text2	Name	txtc1
Label3	Caption	第三种商品		Text	空
Label4	Caption	单价	Text3	Name	txtp2
Label5	Caption	数量		Text	空
Text4	Name	txtc2	Text6	Name	txtc3
	Text	空		Text	空
Text5	Name	txtp3	Command1	Name	cmdprice
	Text	空		Caption	计算

(5) 建立第二个窗体。选择文件菜单中的"工程"→"添加窗体",弹出"添加窗体"对话框,如图 4-3 所示。

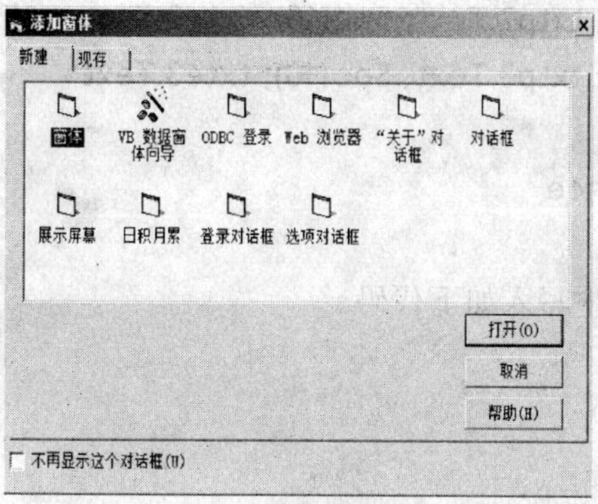

图 4-3 "添加窗体"对话框

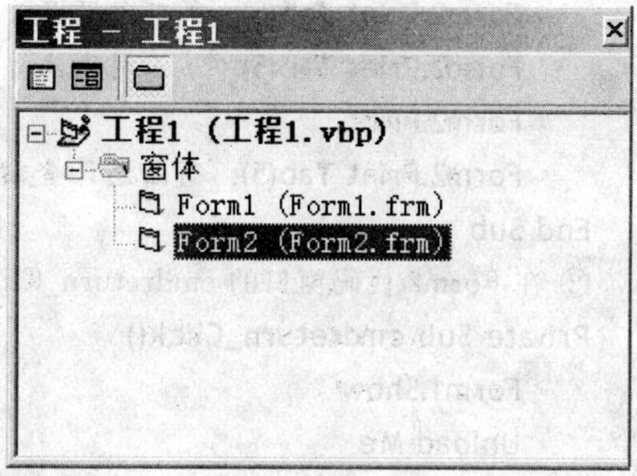

图 4-4 工程管理器中的 Form2 窗体

(6) 选择"窗体",单击"打开"按钮,在"工程管理器"中,就会出现"Form2"窗体。如图 4-4所示。双击"Form2"窗体,在"Form2"窗体中添加一个命令按钮。主要属性设置如表 4-3所示。

表 4-3 主要属性设置表

控件	属性	属性值
Form2	Caption	商品清单
Command2	Name	cmdreturn
	Caption	返回

(7) 编写程序。

① 在 Form1 代码窗口的"通用","声明"中先定义程序所用变量。

```
Dim price, p1, p2, p3 As Double
Dim c1, c2, c3 As Integer
```

在 Form1 代码窗口中的 cmdprice_Click 事件中写入如下代码。

```
Private Sub cmdprice_Click()
    p1 = Val(txtp1.Text)
    p2 = Val(txtp2.Text)
    p3 = Val(txtp3.Text)
    c1 = Val(txtc1.Text)
    c2 = Val(txtc2.Text)
    c3 = Val(txtc3.Text)
    price = p1 * c1 + p2 * c2 + p3 * c3
    Form2.Show
    Form2.Print
    Form2.Print Tab(20); "所购商品清单为"
    Form2.Print Tab(5); "商品名称"; Spc(10); "单价"; Spc(10); "数量"
    Form2.Print Tab(5); "第一种商品"; Spc(10); txtp1.Text; Spc(10); txtc1.Text
```

```
    Form2.Print Tab(5); "第二种商品"; Spc(10); txtp2.Text; Spc(10); txtc2.Text
    Form2.Print Tab(5); "第三种商品"; Spc(10); txtp3.Text, Spc(10); txtc3.Text
    Form2.Print
    Form2.Print Tab(5); "商品总计金额为:", price
End Sub
```

② 在 Form2 代码窗口的 cmdreturn_Click 事件中写入如下代码。

```
Private Sub cmdreturn_Click()
    Form1.Show
    Unload Me
End Sub
```

(8) 保存“工程”并运行程序。

4.3　登录窗口设计

【实验要求】

设计一登录界面,当输入用户名和密码之后,按“确定”键可对用户名和密码进行验证;当两者都正确时,显示对话框“登录成功”;当用户名不或密码不正确时,显示信息“用户名密码不正确”;按“取消”键时,清空用户名和密码,如图 4-5 所示。

图 4-5　登录窗口运行效果

【预备知识】

(1) MsgBox 函数的使用。

(2) 条件语句的应用。基本结构如下。

```
If <条件> Then
    语句组 1
Else
    语句组 2
End If
```

(3)选择结构程序设计方法。

【程序分析】

登录界面,主要是对用户输入的用户名和密码进行校验,如果正确进行一种操作,不正确进行另一种操作,所以可使用条件语句实现。

【实验步骤】

（1）启动 Visual Basic 6.0。

（2）打开新的“标准 EXE”工程。

（3）在窗体上放置 2 个标签，2 个命令按钮，2 个文本框，如图 4－5 所示。

（4）主要属性设置如表 4－4 所示。

表 4－4　主要属性设置表

控件	属性	属性值	说明
Form1	Caption	登录	
	BorderStyle	1－Fixed Single	窗口边框固定，不可改变大小
Label1	Caption	用户名	
Label2	Caption	密码	
Text1	Name	txtname	
	Text	空	
Text2	Name	txtpassword	
	Text	空	
	PassWord	*	
Command1	Name	cmdok	
	Caption	确定	
Command2	Name	cmdcancel	
	Caption	取消	

（5）编写程序。

① 在 cmdok_Click 事件中添加如下代码。

```
Private Sub cmdok_Click()
    If txtname.Text ="admin" And txtpassword.Text ="123456" Then
                                                    '验证用户名和密码
        MsgBox "登录成功!", vbOKOnly + vbInformation, "登录信息"
    Else
        MsgBox "用户名或密码不正确!", vbOKOnly + vbCritical, "登录信息"
    End If
End Sub
```

② 在 cmdcancel_Click 事件中添加如下代码。

```
Private Sub cmdcancel_Click()
    txtname.Text =""
    txtpassword.Text =""
End Sub
```

（6）保存“工程”并运行。

【更进一步】

在上面的登录窗体基础上改进,当用户名不正确时,显示信息“用户名不正确”;当密码不正确时,显示信息“密码不正确”;若用户名或密码输错三次以上,退出登录窗体。

① 在“通用”“声明”中,添加变量 num 的定义,用于对登录错误次数的记录。

```
Dim num As Integer
```

② 将 cmdok_Click 事件中的代码修改为:

```
Private Sub cmdok_Click()
    If num < 3 Then
        If txtname.Text = "admin"And txtpassword.Text = "123456" Then
            MsgBox "登录成功!", vbOKOnly + vbInformation, "登录信息"
        Else
            If txtname.Text < > "admin"Then
                MsgBox "用户名不正确!", vbOKOnly +  vbCritical, "登录信息"
            Else
                If txtpassword.Text < > "123456" Then MsgBox "密码不正确!", _
                                        vbOKOnly +  vbCritical, "登录信息"
            End If
            num = num + 1
        End If
    Else
        End
    End If
End Sub
```

③ 在窗体装载(Form_Load)事件中,添加对变量 num 的初始化。

```
Private Sub Form_Load()
    num = 0
End Sub
```

4.4 个人所得税计算器

【实验要求】

个人所得税的计算方法:

需要缴税的金额=工资-工资×18% -2000(缴税起点)

假设需要缴税的金额为 x,扣税比率为 y,则公式为:

$$y=\begin{cases}5\%, & x\leqslant 500\\ 10\%, & 500<x\leqslant 2000\\ 15\%, & 2000<x\leqslant 5000\\ 20\%, & 5000<x\leqslant 20000\\ 25\%, & 20000<x\leqslant 40000\\ 30\%, & 40000<x\leqslant 60000\\ 35\%, & 60000<x\leqslant 80000\\ 40\%, & 80000<x\leqslant 100000\\ 45\%, & 100000<x\end{cases}$$

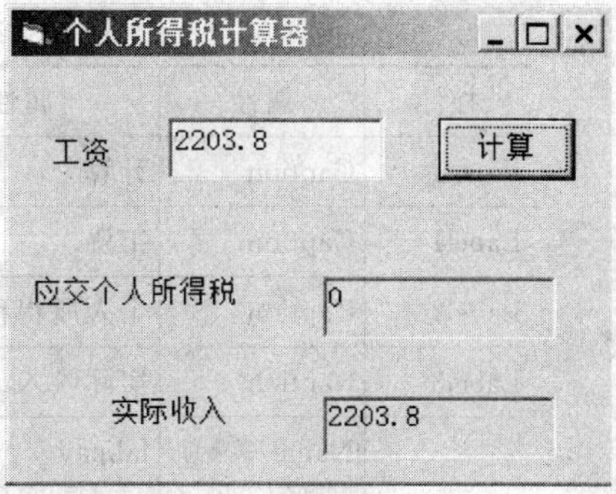

图 4 - 6　个人所得税计算器

个人所得税的计算是分段扣税的，如 $x=4000$，那么

$$\text{个人所得税} = 500\times 5\% + 1500\times 10\% + 2000\times 15\% = 475$$

在窗体上通过文本框输入工资数，单击"计算"按钮，进行个人所得税计算，并将结果显示在标签上，包括实际收入和个人所得税，如图 4 - 6 所示。

【预备知识】

(1)多路分支结构程序设计方法。

(2)条件语句的应用。

基本结构：

```
If <条件>  Then
     语句组 1
[Else
     语句组 2]
End If
```

多路分支结构：

```
If <条件>  Then
    语句组 1
ElseIf <条件 2>  Then
    语句组 2
    ⋮
[Else
    语句组 n]
End If
```

【程序分析】

编写此程序，首先要了解个人所得税的计算方法。对于不同的收入，交税的比例不同，工资越高，交税的等级就越多，所以要把每种情况都要用条件语句的嵌套使用来加以区分。

【实验步骤】

(1) 启动 Visual Basic 6.0。

(2) 打开新的"标准 EXE"工程。

(3) 在窗体上放置 5 个标签，1 个文本框，1 个命令按钮，如图 4 - 6 所示。

(4) 主要属性设置如表 4 - 5 所示。

表 4 - 5 主要属性设置表

控件	属性	属性值	控件	属性	属性值
Form1	Caption	计算	Label5	Name	labtax
Label1	Caption	工资		Caption	空
Label2	Caption	个人所得税		BorderStyle	1 - Fixed Single
Label3	Caption	实际收入	Text1	Name	txtpay
Label4	Name	labpay		Text	空
	Caption	空	Command1	Name	cmdcalculate
	BorderStyle	1 - Fixed Single		Caption	计算

(5) 编写程序。

在 cmdcalculate_Click 事件中添加如下代码。

```
Private Sub cmdcalculate_Click()
    Dim x As Double, y As Double, earn As Double, pay As Double
    pay = txtpay.Text
    x = pay - pay * 0.18 - 2000
    If x< = 0 Then
        y = 0
    ElseIf x< = 500 Then
        y = x * 0.05
    ElseIf x< = 2000 Then
        y = 500 * 0.05 + (x - 500) * 0.1
    ElseIf x< = 5000 Then
        y = 500 * 0.05 + 1500 * 0.1 + (x - 2000) * 0.15
    ElseIf x< = 20000 Then
        y =  500 * 0.05 + 1500 * 0.1 + 3000 * 0.15 + (x - 2000) * 0.2
    ElseIf x< = 40000 Then
        y = 500 * 0.05 + 1500 * 0.1 + 3000 * 0.15 + 15000 * 0.2 + _
            (x - 20000) * 0.25
    ElseIf x< = 60000 Then
        y = 500 * 0.05 + 1500 * 0.1 + 3000 * 0.15 + 15000 * 0.2 + _
            20000 * 0. 25 + (x - 40000) * 0.3
    ElseIf x< = 80000 Then
        y = 500 * 0.05 + 1500 * 0.1 + 3000 * 0.15 + 15000 * 0.2 + _
            20000 * 0.25 + 20000 * 0.3 + (x - 60000) * 0.35
    ElseIf x< =  100000 Then
        y = 500 * 0.05 + 1500 * 0.1 + 3000 * 0.15 + 15000 * 0.2 + _
            - 20000 * 0.25 + 20000 * 0.3 + 20000 * 0.35 + _
```

```
            (x - 80000) * 0.4
    Else
        y = 500 * 0.05 + 1500 * 0.1 + 3000 * 0.15 + 15000 * 0.2 + _
            20000 * 0.25 + 20000 * 0.3 + 20000 * 0.35 + 20000* 0.4 + _
            (x - 100000) * 0.45
    End If
    labtax.Caption = y
    labpay.Caption = pay - y
End Sub
```

(6) 保存“工程”并运行程序。

4.5　猜数游戏

【实验要求】

编写一个猜数游戏程序，当窗体加载时随机给定一个小于 100 的整数，然后给用户最多 10 次猜测机会。具体过程为：让用户利用文本框输入所猜测的整数，未猜中时，提示所猜测的数过大或过小，让用户重新猜测；猜中时，显示出所猜测的次数和得分。计分的规则为：1 次猜中 100 分，3 次猜中 90 分，5 次猜中 80 分，7 次猜中 70 分，10 次猜中 60 分。若 10 次仍未猜中时，使用 msgbox 显示所猜的数并提示游戏结束，游戏运行界面如图 4－7 所示。

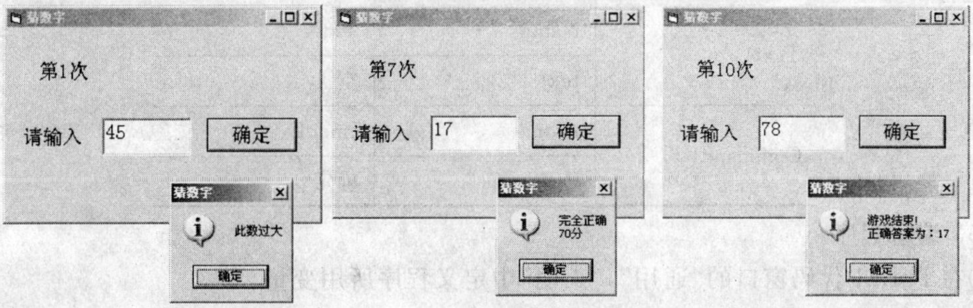

图 4－7　猜数游戏

【预备知识】

(1) If 语句的使用。

(2) Select case 语句的使用。

(3) Msgbox 的使用。

(4) 随机函数 Rnd 的使用。

【程序分析】

此程序要判断三种情况。首先要考虑猜数的次数限制；其次要考虑所猜的数字是否正确；最后要判断如果猜中，根据所用次数对应的分数是多少。因为情况多，所以可以使用 If 语句的嵌套来实现，对于分数的计算，因为情况很多而且很确定，所以可以采用 Select case 语句实现。

【实验步骤】

(1) 启动 Microsoft Visual Basic 6.0。

(2) 打开新的“标准 EXE”工程。

(3) 在窗体上放置 2 个标签,1 个命令按钮,1 个文本框,如图 4-8 所示。

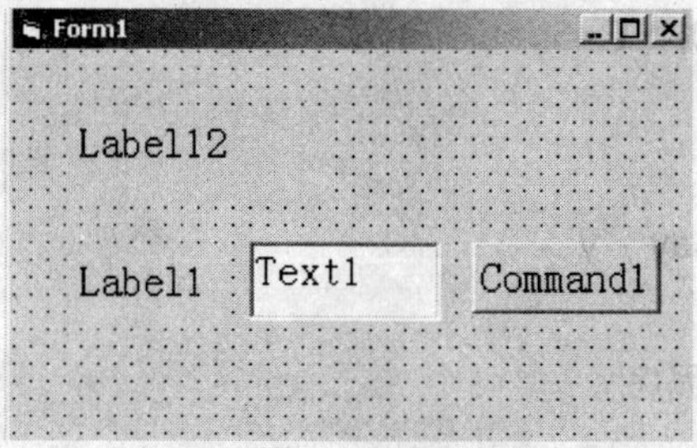

图 4-8 窗体设计界面

(4) 主要属性设置如表 4-6 所示。

表 4-6 主要属性设置表

控件	属性	属性值
Form1	Caption	猜数字
Label1	Caption	请输入
Label2	Caption	空
Text1	Name	TxtX
	text	空
Command1	Name	cmdok
	Caption	确定

(5) 编写程序。

①在 Form1 代码窗口的“通用”,“声明”中定义程序所用变量。

```
Dim x As Integer                              '随机生成的 1～100 之间的数
Dim n As Integer                              '记录猜数的次数
Dim score As Integer                          '游戏最后的得分
```

②在 cmdok_Click 事件中添加如下代码。

```
Private Sub cmdok_Click()
  If n< 10 Then                               '判断猜数的次数是否超过 10 次
    If Val(TxtX.Text) = x Then                '判断所猜数是否正确
      Select Case n                           '得分
      Case 1
        score = 100
      Case 2, 3
        score = 90
      Case 4, 5
```

```
            score = 80
        Case 6, 7
            score = 70
        Case 8, 9, 10
            score = 60
        End Select
        MsgBox "完全正确" & vbCrLf & score & "分",vbInformation,"猜数字"
        End                                     '猜数正确,游戏结束
    Else
        If Val(TxtX.Text) > x Then
            MsgBox "此数过大", vbInformation, "猜数字"
        Else
            MsgBox "此数过小", vbInformation, "猜数字"
        End If
        n = n + 1
      End If
      lblcount.Caption = "第" & n & "次"
      TxtX.Text = ""
      TxtX.SetFocus
      Else
        MsgBox "游戏结束!" & vbCrLf & "正确答案为" & x,vbInformation,"猜数字"
        End
      End If
End Sub
```

③在 Form_load 事件中添加如下代码

```
Private Sub Form_Load()
    n = 1
    lblcount.Caption = "第 1 次"
    Randomize
    x = Int(Rnd() * 100)                        '随机产生 1~100 之间的数
End Sub
```

(6) 保存"工程"并运行。

4.6 求 m 和 n 之间的所有奇数之和

【实验要求】

从文本框输入 m 和 n 的值，单击"计算"按钮，可以在文本框中显示 m 和 n 之间所有奇数的和，如图 4 - 9 所示。

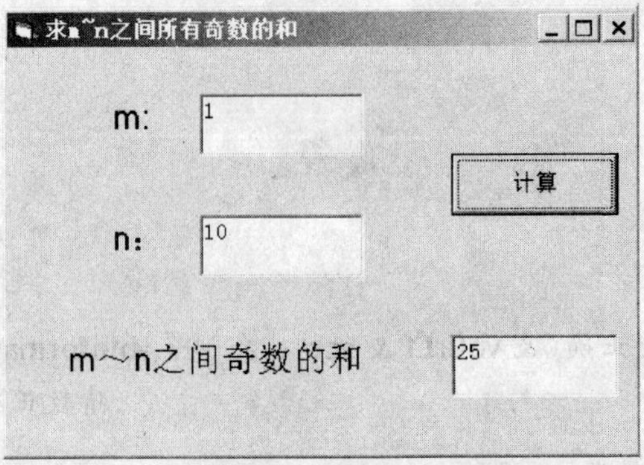

图 4-9　求 m 和 n 之间的所有奇数的和

【预备知识】

(1) 循环结构程序设计方法。

(2) For 语句的使用。

(3) 如何判断奇数。

(4) 循环累加的方法。

【程序分析】

要编写这个程序要解决以下两个关键问题。

(1)如何来判断一个数是否是奇数。解决这个问题只要用这个数除以 2,如果余数为 0 则为偶数;如果余数为 1,则为奇数。可用条件语句实现这一判断。

(2)如何对这些数求和。解决这一问题只要使用循环语句即可。循环可以对 m 到 n 的整数逐一进行扫描,并判断它是否为奇数,如果是,则相加;如果不是,则进行下一次的循环。

【实验步骤】

(1) 启动 Visual Basic 6.0。

(2) 打开新的"标准 EXE"工程。

(3) 在窗体上放置 3 个标签,3 个文本框,1 个命令按钮。如图 4-6 所示。

(4) 主要属性设置如表 4-7 所示。

表 4-7　主要属性设置表

控件	属性	属性值
Form1	Caption	求 m～n 之间所有奇数的和
Lable1	Caption	m:
Lable2	Caption	n:
Lable3	Caption	m～n 之间奇数的和
Text1	Text	空
Text2	Text	空
Text3	Text	空
Command1	Caption	计算

(5) 编写程序。

在 Command1_Click 事件中添加代码如下。

```
Private Sub Command1_Click()
'定义四个局部变量
    Dim m As Integer, n As Integer, i As Integer, s As Long
    m = Val(Text1.Text)                '将 text1 中的内容转化成数值赋给变量 m
    n = Val(Text2.Text)                '将 text2 中的内容转化成数值赋给变量 n
    s = 0                              's 中要放最终的结果,先给 s 赋初值为 0
    For i = m To n                     'for 循环,从 m 到 n 依次判断每个数
    If i Mod 2 = 1 Then s = s + i      '判断 i 是奇数吗? 是:进行累加;
                                       '不是:继续判断下一个数
    Next i
    Text3.Text = s                     '将结果放到 text3 中
End Sub
```

(6) 保存"工程"并运行程序。

【更进一步】

上面的程序如果 m>n 时,运算出的结果就为 0。如果现在要求:当 m>n 时,也可以算出它们之间的奇数和,那么可以将代码修改如下:

```
Private Sub Command1_Click()
'定义四个局部变量
Dim m As Integer, n As Integer, i As Integer, s As Long
m = Val(Text1.Text)                    '将 text1 中的内容转化成数值赋给变量 m
    n = Val(Text2.Text)                '将 text2 中的内容转化成数值赋给变量 n
    s = 0                              's 中要放最终的结果,先给 s 赋初值为 0
    If m > n Then
        temp = m
        m = n
        n = temp
    End If
    For i = m To n                     'for 循环,从 m 到 n 依次判断每个数
        If i Mod 2 = 1 Then s = s + i  '判断 i 是奇数吗? 是:那么进行累加;
                                       '不是:继续判断下一个数
Next i
    Text3.Text = s                     '将结果放到 text3 中
End Sub
```

4.7　输出九九乘法表

【实验要求】

在窗体上输出一个九九乘法表。运行界面如图 4－10 所示。

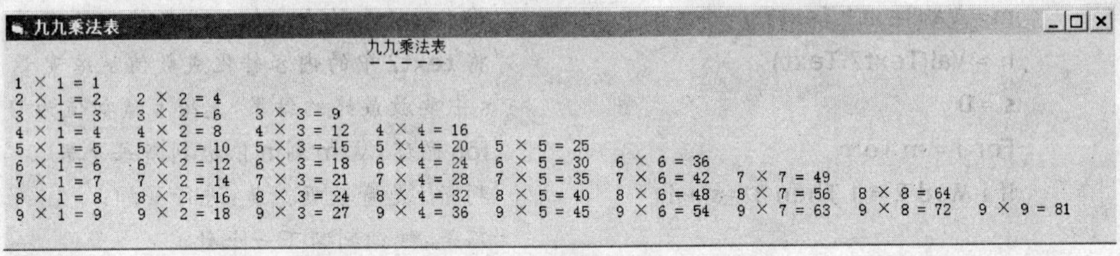

图 4－10　九九乘法表

【预备知识】

(1) 循环语句的嵌套使用方法。

(2) 窗体的 Print 方法。

(3) For_Next 循环语句的使用。

【程序分析】

因为九九乘法表是一个九行九列的三角矩阵的形式,所以可以用双重循环来实现它的输出。外层循环负责输出行,内层循环负责输出列。因为每一行输出的列数不一样,观察规律是每一行输出的列数与行数相同,所以内层循环的循环变量的终止是可变的,它与外层循环的当前的循环次数相同。

【实验步骤】

(1) 启动 Visual Basic 6.0。

(2) 打开新的"标准 EXE"工程。

(3) 在窗体不用放置任何控件,只需将窗体"Form1"的 Caption 属性改为"九九乘法表",AutoRedraw 属性改为 True。如图 4－8 所示。

(4) 编写程序。

在窗体的 Load 事件中添加如下代码。

```
Private Sub Form_Load()
    Print Tab(35), "九九乘法表"              '从第 35 列开始输出标题
    Print Tab(35), "－－－－－"              '输出标题下面的线
    For i = 1 To 9                           '外层循环输出每一行
        For j = 1 To i                       '内层循环输出每一项
            Print i; "×"; j; "="; i * j,     '输出每一项
            Next j
        Print                                '换行
    Next i
End Sub
```

(5) 保存"工程"并运行程序。

【更进一步】

换一种方式输出乘法表，如图 4－11 所示，代码如下所示。

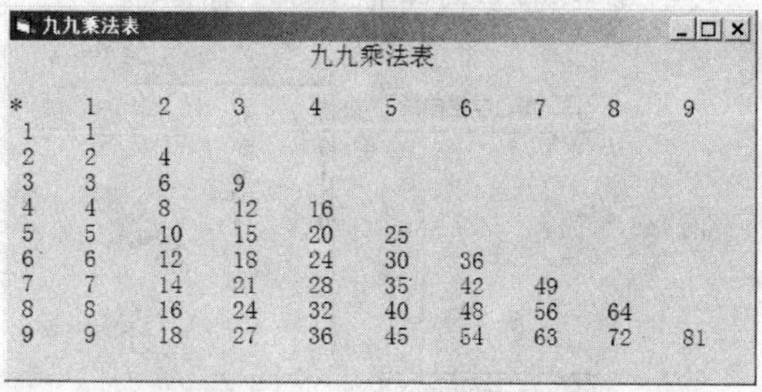

图 4－11　另一个九九乘法表

```
Private Sub Form_Load()
    Show
    FontSize = 12
    Print Tab(25); "九九乘法表"
    Print
    Print "*";
    For i = 1 To 9
        Print Tab(i * 6); i;
    Next i
    Print
    For i = 1 To 9
        Print i;
        For k = 1 To i
            m = i * k
            Print Tab(k * 6); m;
        Next k
        Print
    Next i
End Sub
```

4.8　学生成绩统计

【实验要求】

设计一个应用程序，要求根据输入的学生人数输入学生的成绩，并能够在文体框中显示出来，然后对这些成绩进行统计，求出这些分数的最高分、最低分和平均分。

【预备知识】

(1) 数组的概念及基本操作。

(2) For_Next 语句与 If 语句的嵌套使用。

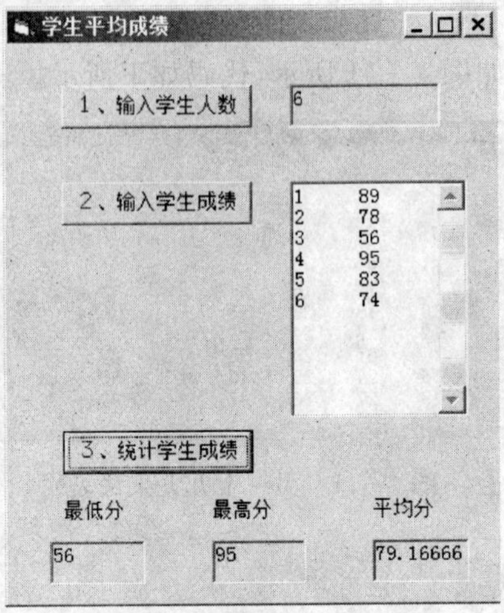

图 4-12　学生成绩统计

(3) 如何输出“回车”、“换行”。

【程序分析】

要对输入的学生成绩进行统计，首先需要将输入的成绩保存起来，这里我们可以用一个一维数组进行保存。对这些成绩求最大值和最小值，编程思路为

(1) 首先假定第一个成绩既是最大值又是最小值。

(2) 让数组中的每一个元素与之进行比较，如果比最大值大，则替代之；如果比最小值小，也替代之。否则，比较下一个元素。

(3) 直到所有元素都比较完，就求出了最大值与最小值。

对于求平均值，只需用累计求和的方法，求出总分，再除以人数，即可算出平均成绩。

【实验步骤】

(1) 启动 Visual Basic 6.0。

(2) 打开新的“标准 EXE”工程。

(3) 在窗体上放置，3 个命令按钮，7 个标签，1 个文本框，如图 4-10 所示。

(4) 主要属性设置如表 4-8 所示。

表 4-8　主要属性设置表

控件	属性	属性值	说明
Form1	Caption	学生平均成绩	
Command1	Name	cmdnum	
	Caption	1. 输入学生人数	
Command2	Name	cmdscore	
	Caption	2. 输入学生成绩	
Command3	Name	cmdcount	
	Caption	3. 统计学生成绩	

续表 4-8

控件	属性	属性值	说明
Label1	Name	labnum	显示学生人数
	Caption	空	
Label5	Name	labmin	显示最低分
	Caption	空	
Label6	Name	labmax	显示最高分
	Caption	空	
Label6	Name	labave	显示平均分
	Caption	空	
Label2	Caption	最低分	
Label3	Caption	最高分	
Label4	Caption	平均分	
Text1	Name	txtscore	用于显示输入的学生成绩
	MultiLine	True	允许输入多行
	ScrollBars	2 - Vertical	有垂直滚动条

(5) 编写程序。

① 定义窗体级变量。

```
Const n =  100                                    '定义常量,最多输入 100 个学生的成绩
Dim num As Integer, min As Single, max As Single, ave As Single, sum As Single
Dim score(n) As Single                            '定义成绩数组
```

② 在 cmdcount_Click 事件中添加代码。

```
Private Sub cmdcount_Click()
    min = score(1)                                '令第一个元素为最小值
    max = score(1)                                '令第一个元素为最大值
    sum = 0                                       '令和为 0
    For i = 1 To num
        If score(i) > max Then max = score(i)
        If score(i) < min Then min = score(i)
        sum = sum + score(i)
    Next i
    ave = sum / num
    labmin = min
    labmax = max
    labave = ave
End Sub
```

③ 在 cmdnum_Click 事件中添加代码。

```
Private Sub cmdnum_Click()
    labnum = InputBox("请输入学生人数","输入", 0)
    num = Val(labnum)
    cmdscore.SetFocus
End Sub
```

在 cmdscore_Click 事件中添加代码。

```
Private Sub cmdscore_Click()
    For i = 1 To num
        score(i) = Val(InputBox("请输入第" & i & "个学生的成绩","输入成绩"))
        txtscore = txtscore & Chr(10) & Chr(13) & i & Space(5) & score(i) & _
                Chr(10) & Chr(13)
    Next i
    cmdcount.SetFocus
End Sub
```

(6) 保存"工程"并运行程序。

4.9　求 n!

【实验要求】

求 n!。设计一个求 n 的阶乘的过程 Fac,在计算命令按钮的单击事件中调用该过程,n 值通过文本框输入,结果在另一个文本框中输出。运行效果如图 4－13 所示。

图 4－13　求 n!

【预备知识】

(1) 过程的定义及调用。

(2) For 语句的使用。

【程序分析】

求 n! 的方法有很多,在这里介绍一种比较常用的方法,就是利用循环 n 次,从 1 一直乘到 n 就可以,也就是计算机中常用的累乘的方法。

【实验步骤】

(1) 启动 Visual Basic 6.0。

(2) 打开新的"标准 EXE"工程。

(3) 在窗体上放置 3 个标签,1 个文本框,1 个命令按钮,如图 4－13 所示。

(4) 主要属性设置如表 4－9 所示。

表 4 - 9　主要属性设置表

控件	属性	属性值	说明
Form1	Caption	n!	
Lable1	Caption	n	
Label2	Caption	n!	
Label3	Name	labresult	
	BorderStyle	1 - Fixed Single	标签为固定框
	BackColor	&H00FFFFFF&	标签底色为白色
Text1	Name	txtn	
	Text	空	
Command1	Caption	计算	

(5) 编写程序。

① 在“通用”中，添加如下自定义过程。

```
Private Sub fac(n As Integer, result As Double)
    Dim i As Integer
    result = 1
    For i = 1 To n
        result = result * i
    Next i
End Sub
```

② 在 Command1_Click 事件中添加代码。

```
Private Sub Command1_Click()
    Dim n As Integer, result As Double
    n = Val(txtn.Text)
    Call fac(n, result)                          '调用函数 fac
    Labresult.Caption = result
End Sub
```

(6) 保存“工程”并运行。

注释　添加自定函数的方法可以直接在代码窗口中写入代码，也可以通过菜单栏的“工具”→“添加过程”选项，进行添加，如图 4 - 14 所示。

在名称中输入要添加的过程名称。然后选择过程的类型和在程序中的有效范围，点击“确定”，即可在代码窗口添加相应的过程定义代码。

图 4 - 14　“添加过程”对话框

4.10　求星期几

【实验要求】

要求编写一个函数,能够根据日期求出是星期几。日期由文本框输入,点击“判断星期几”按钮,在标签中显示是星期几。运行效果如图 4 - 15 所示。

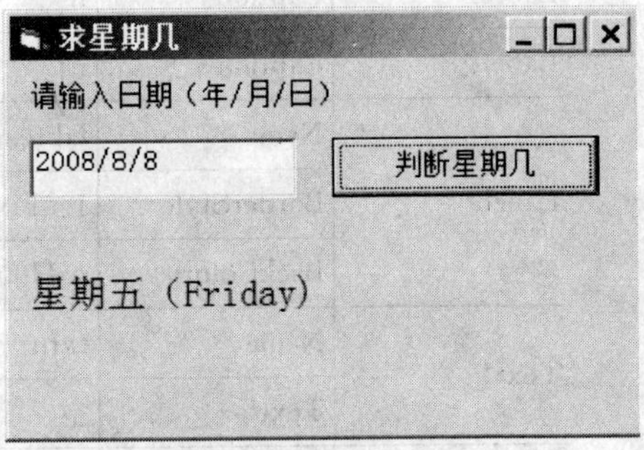

图 4 - 15　求星期几的界面

【预备知识】

(1) 多分支语句 Select Case 语句的使用。

(2) 函数的定义与调用。

(3) WeekDay(日期)函数:求出日期对应的星期。

【程序分析】

求日期所对应的星期由 WeekDay 函数很容易能够得到,关键是要用语言将星期描述出来,就需要将一个星期的每一天的情况都列出来,这就要用到 Select Case 语句。

【实验步骤】

(1) 启动 Visual Basic 6.0。

(2) 打开新的“标准 EXE”工程。

(3) 在窗体上放置 2 个标签,1 个文本框,1 个命令按钮。如图 4 - 12 所示。

(4) 主要属性设置如表 4 - 10 所示。

表 4 - 10　主要属性设置表

控件	属性	属性值	说明
Form1	Caption	求星期几	
Label1	Caption	请输入日期(年/月/日)	
	AutoSize	True	标签大小随内容改变
Label2	Name	labweek	
	Caption	空	
	Font	字号为小四	
Text1	Name	txtday	
	Text	空	
Command1	Name	cmdweek	
	Caption	判断星期几	

(5) 编写程序。

① 在“通用”中,输入自定函数 fucweekday。

```
Private Function fucweekday(day As Date)
    Select Case Weekday(day, vbMonday)        'weekday 为系统函数，
                                               '功能是根据日期求出对应的是星期几
    Case 1
        fucweekday = "星期一(Monday)"
    Case 2
        fucweekday = "星期二(Tuesday)"
    Case 3
        fucweekday = "星期三(Wednesday)"
    Case 4
        fucweekday = "星期四(Thursday)"
    Case 5
        fucweekday = "星期五(Friday)"
    Case 6
        fucweekday = "星期六(Saturday)"
    Case 7
        fucweekday = "星期七(Sunday)"
    End Select
End Function
```

②在 cmdweek_Click 事件中添加如下代码。

```
Private Sub cmdweek_Click()
    Dim myday As Date, myweek As String
    myday = txtday.Text
    myweek = fucweekday(myday)                '调用自定义 wd 函数
    labweek.Caption = myweek
End Sub
```

(6) 保存"工程"并运行程序。

习题 4

练习一　设计一个窗体如图 4－16 所示。单击"输入"按钮，弹出输入对话框，可输入数字，使用 Inputbox 函数实现。每单击一次"输入"按钮，就可输入一次数字，如图 4－17所示。单击"输出"按钮，弹出输出对话框，显示所有输入的数字的和，如图 4－18 所示。

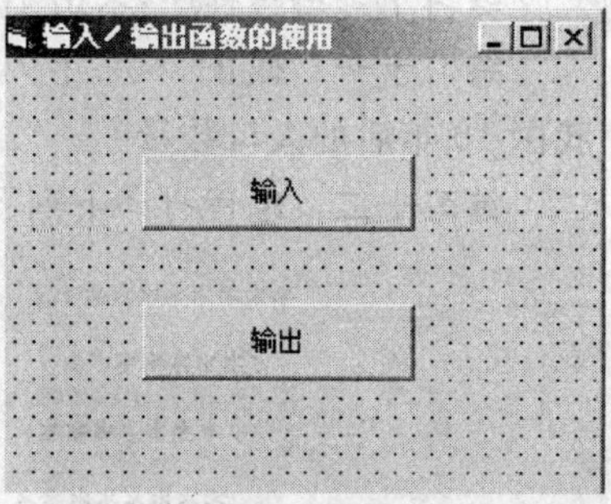

图 4－16　窗体设计界面

图 4－17　输入对话框

图 4－18　输出对话框

练习二　在文本框中输入小时、分、秒，将输入内容转化成有多少秒后在标签中输出。

练习三　在文本框中输入长方体的长、宽、高，求长方体的表面积，并输出。

(提示：设长方体的长、宽、高为 a、b、c，则表面积为 s＝2(ab＋bc＋ca)。)

练习四　输入 3 个不同的数，将它们从大到小排序并输出。

练习五　编写程序，根据用户输入的考试成绩，按表 4－11 的划分标准输出相应的等级。

表 4－11　分数与等级对照表

分数	90～100	80～90	70～80	60～70	<60
等级	优等	良好	中等	及格	不及格

练习六　输入三角形的三边，判断它们能否构成三角形。如果能构成，计算三角形的面积并显示，否则输出“此三边不能构成三角形”。

(提示：1. 已知三边求三角形的面积的公式如下：

$$S=\sqrt{p(p-a)(p-b)(p-c)}$$

公式里的 p 为半周长：$p=(a+b+c)/2$。

2. 三角形的构成条件为：两边之和必须大于第三边，所以我们在计算三角形面积之前，必须要进行判断，即要保证此式成立：$(p-a)(p-b)(p-c)\geqslant 0$。

练习七　输入一个年份，判断该年是否为闰年。判断公历闰年遵循的规律为：能被 4 整除而不能被 100 整除，或能被 400 整除的年份都为闰年，如 2000 年、2004 年为闰年，1900 年不是闰年。

练习八　输入一个正数，判断它是否为奇数，如果是，则显示“此数为奇数”；否则，显示“此数是合数”。

练习九　从键盘输入一个正数，计算出从 1 加到此数的和，并输出，分别用三种方法实现。

练习十　编写程序，求出 100～200 之间不能被 3 整除的所有数，并将这些数输出。

练习十一　截止 2009 年 7 月，我国有人口 13.8 亿，假设年增长率是 1%，编写程序计算，我国 10 年后的人口数量。

练习十二　编程打印下列图形。

```
                                   $               #
********                          $$$              ###
 ********                        $$$$$             #####
  ********                      $$$$$$$            #######
   ********                    $$$$$$$$$           #########
    ********                  $$$$$$$$$$$          ###########
```

练习十三　输入任意 10 个整数，使用 Inputbox 函数输入数据，计算其中负数、偶数和奇数的个数，并将结果使用标签输出，如图 4－19 所示。

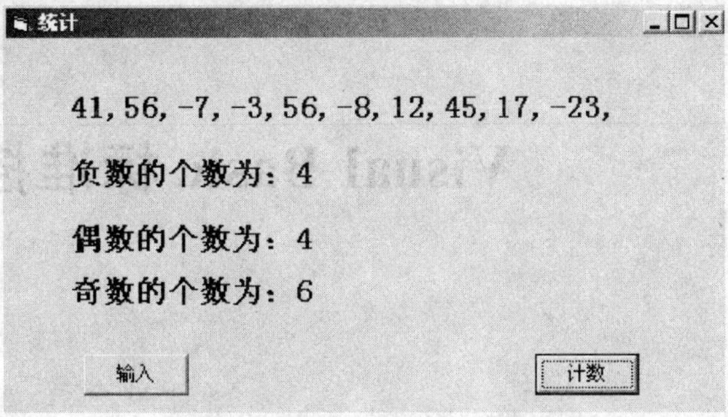

图 4－19　练习十三的运行界面

练习十四　设计一窗体，用三个文体框实现任意三个整数 A，B，C 的输入，单击“计算”按钮时，在第四个文本框中显示出 A!＋B!＋C!的数值，如图 4－20 所示。

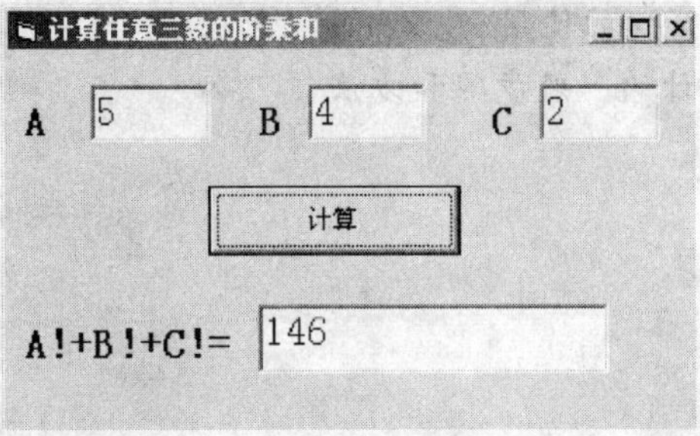

图 4－20　练习十四的运行界面

练习十五　将数组元素倒序，并输出。

（提示：从键盘上输入 10 个整数，并放入一个一维数组中，然后将其前 5 个元素与后 5 个元素对换，即：第 1 个元素与第 10 个元素互换，第 2 个元素与第 9 个元素互换……第 5 个元素与第 6 个元素互换。分别输出数组原来各元素的值和换后各元素的值。）

第 5 章

Visual Basic 标准控件与窗体

实验目的

- 掌握常用控件的主要属性、方法、事件的含义及其关系，并把它们应用于具体的程序设计中。控件包括命令按钮、标签、文本框、框架、列表框、组合框、计时器等
- 熟练掌握 VB 窗体中控件的使用，掌握建立基于图形界面的应用程序的方法
- 掌握 VB 下拉菜单和弹出菜单的特点及设计、使用方法
- 掌握 VB 菜单设计窗口的使用
- 掌握多窗体程序设计的一般步骤和方法

实验内容

- 跳动的小球
- 时钟
- 黑板
- 图片浏览器
- 简单文档编辑器

5.1 跳动的小球

【实验要求】

设计一个应用程序，界面如图 5-1 所示，这是一个可以跳动的小球的简单动画。用户可以实时地通过调整方向和速度，对小球的移动进行控制。小球在跳动时，始终在方框中进行移动。

【预备知识】

(1) 框架 Frame 的使用。

(2) 组合框 Combo 的使用。

(3) 单选框 Option 的使用。

(4) 形状 Shape 的使用。

(5) 定时器 Timer 的使用。

图 5-1 跳动的小球

【程序分析】

实现本程序，要解决三个问题。

(1) 如何实现小球移动。小球是由 Shape 属性来实现的，所以它的移动只需调整 Shape 的 Top 属性和

Left 属性。如:小球往下移动,只需将 Shape 的 Top 属性增加一定的数值,增加的数值大,则小球移动的速度就快;增加的数值小,则移动的就慢。如小球往上移动,则减小 Top 的值。小球往左、往右移动的原理与此相同。

(2) 如何控制小球的往返运动。因为是个动画,不可缺少的要使用定时器控件。因为小球的跳动是往返操作,所以用两个定时器来实现,一个定时器控制"上"或"左"的移动,一个定时器控制"下"或"右"的移动。

(3) 如何实现小球在一定范围内运动。因为小球是在框中跳动的,所以小球的移动不是无止境的,当它遇到边框时就会向反方向运动,所以小球每移动一次都需进行条件判断,是否移动到边框上。

【实验步骤】

(1) 启动 Visual Basic 6.0。

(2) 打开新的"标准 EXE"工程。

(3) 在窗体上放置 2 个框架,在框架 2 中添加 2 个单选框,2 个定时器;在框架 1 中添加 1 个形状控件,1 个标签,1 个组合框,如图 5-1 所示。

(4) 主要属性设置如表 5-1 所示。

表 5-1 主要属性设置表

控件	属性	属性值	说明
Form1	Caption	弹跳的小球	
Frame1	Caption	方向	
Frame2	Caption	空	
	BackColor	&H80000005&	设置框架的背景色为白色
	BorderStyle	0 - None	设置成无边框
Option1	Name	Optsx	
	Caption	上下	
Option2	Name	Optzy	
	Caption	左右	
Shape1	BorderStyle	0 - Solid	设置为实心
	FillColor	&H00FF0000&	填充色为蓝色
	Shape	3 - Circle	圆形
Lable1	Caption	速度	
Combo1	List	慢速 中速 快速	
Timer1	Interval	100	
Timer2	Interval	100	
	Enable	False	

(5) 编写程序。

① 在"通用"中,定义一个窗体级变量,用于保存小球运行的速度。

```
Dim speed As Integer
```

② 在窗体的 Load 事件中添加如下代码。

```
Private Sub Form_Load()
    speed = 100
    Combo1.Text = "慢速"
End Sub
```

③ 在定时器 Timer1_Timer 事件中添加如下代码。

```
Private Sub Timer1_Timer()
    If Optsx.Value= True Then
        If Shape1.Top > = Frame1.Top Then
            Shape1.Top = Shape1.Top - speed          '如果没到上边距,则向上移动
        Else
            Timer1.Enabled = False
            Timer2.Enabled = True
        End If
    Else
        If Shape1.Left > = Frame1.Left Then
            Shape1.Left = Shape1.Left - speed        '如果没到左边距,则向左移动
        Else
            Timer1.Enabled = False
            Timer2.Enabled = True
        End If
    End If
    Select Case Combo1.Text
        Case "慢速"
            speed = 100
        Case "中速"
            speed = 200
        Case "高速"
            speed = 400
    End Select
End Sub
```

④ 在定时器 Timer2_Timer 事件中添加如下代码。

```
Private Sub Timer2_Timer()
    If Optsx.Value = True Then
        If Shape1.Top - speed < = Frame1.Height - Shape1.Height Then
            Shape1.Top = Shape1.Top + speed          '如果没到下边距,则向下移动
        Else
            Timer1.Enabled = True
            Timer2.Enabled = False
```

```
        End If
    Else
        If Shape1.Left - speed < = Frame1.Width - Shape1.Width Then
            Shape1.Left = Shape1.Left + speed          '如果没到右边距,则向右移动
        Else
            Timer1.Enabled = True
            Timer2.Enabled = False
        End If
    End If
    Select Case Combo1.Text
        Case "慢速"
            speed = 100
        Case "中速"
            speed = 200
        Case "高速"
            speed = 300
    End Select
End Sub
```

(6) 保存"工程"并运行。

5.2 时钟

【实验要求】

设计一个时钟。模拟现实中的钟表。可以通过设置,选择显示时针、分针和秒针。

【预备知识】

(1) 三角函数。

(2) 时钟控件。

(3) 直线控件。

(4) 复选框控件。

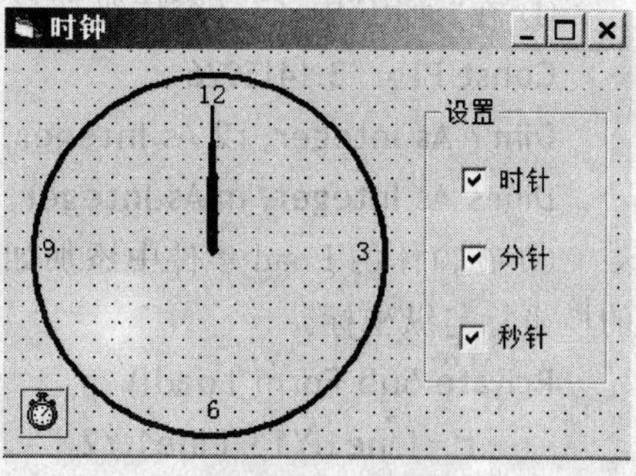

图 5-2 时钟

【程序分析】

时钟的指针是通过直线控件来实现的。指针移动的特点是一端动另一端不动,以秒针为例,每走一秒钟移动 6°,所以可以通过三角函数算出移动后另一端点的坐标。同理可以计算分针、时针。

(1) 启动 Visual Basic 6.0。

(2) 打开新的"标准 EXE"工程。

(3) 在窗体上放置 1 个形状,3 条直线,4 个标签,1 个定时器,1 个框架,并在框架中添加 3 个复选框,如图 5-2 所示。

(4) 主要属性设置如表 5-2 所示。

表 5－2 主要属性设置表

控件	属性	属性值	说明
Form1	Caption	时钟	
Frame1	Caption	设置	
Check1	Caption	时针	
	Value	1－Checked	复选框被选中
Check2	Caption	分针	
	Value	1－Checked	复选框被选中
Check3	Caption	秒针	
	Value	1－Checked	复选框被选中
Shape1	Shape	3－Circle	形状为圆形
	BorderWidth	3	线条的粗细
Line1	BorderWidth	2	在画这三条线时，一定从表心向外画，而且三个表针长短设置不一样长，秒针最长，时针最短
Line2	BorderWidth	3	
Line3	BorderWidth	5	
Label1	Caption	12	显示 12 点的标识
Label2	Caption	3	显示 3 点的标识
Label3	Caption	6	显示 6 点的标识
Label4	Caption	9	显示 9 点的标识
Timer1	Interval	1000	表示 1 秒

(5) 编写程序。

① 在“通用”中，定义窗体级变量。

```
Const PI =  3.1415926
Dim r As Integer, r2 As Integer, r3 As Integer        'r 为秒针的长度 ,r2 为分针的长度
Dim s As Integer, m As Integer, h As Integer          's 记录秒,m 记录分,h 记录小时
```

② 在窗体的 Load 事件中添加如下代码。X1，Y1，X2，Y2 属性分别表示直线的两个端点的横坐标与纵坐标。

```
Private Sub Form_Load()
    r = Line1.Y1 - Line1.Y2           '计算秒针的长度
    r2 = Line2.Y1 - Line2.Y2          '计算分针的长度
    r3 = Line3.Y1 - Line3.Y2          '计算时针的长度

End Sub
```

③在定时器 Timer1_Timer 事件中添加如下代码。

```
Private Sub Timer1_Timer()
    s =  s + 1                        '记录秒数
```

```
    Line1.X2 = Line1.X1 + r * Sin(PI * s / 30)          '移动秒针
    Line1.Y2 = Line1.Y1 - r * Cos(PI * s / 30)
    If s = 60 Then
      m = m + 1                                          '记录分钟
      Line2.X2 = Line2.X1 + r2 * Sin(PI * m / 30)        '移动分针
      Line2.Y2 = Line2.Y1 - r2 * Cos(PI * m / 30)
      s = 0
      If m Mod 12 = 0 Then
        h = h + 1                                        '记录时数
        Line3.X2 = Line3.X1 + r3 * Sin(PI * h / 30)      '移动时针
        Line3.Y2 = Line3.Y1 - r3 * Cos(PI * h / 30)
        If m = 60 Then m = 0
      End If
    End If
End Sub
```

④ 在复选框 Check1_Click 事件添加如下代码。

```
Private Sub Check1_Clic ()
    If Check1.Value = 1 Then
        Line3.Visible = True
    Else
        Line3.Visible = False
    End If
End Sub
```

Check2_Click 事件和 Check3_Click 事件参考 Check1_ Click 事件的代码。

(6) 保存"工程"并运行。

5.3 黑板

【实验要求】

设计一块黑板,可以用鼠标在其中画出任何图形,并可以对线的颜色进行调整。若要使用清除功能,则单击清除键,可以将黑板上的印记清除干净,如图 5－3 所示。

【预备知识】

(1) Picture 控件的使用。重点使用了 Line、Circle 方法和 MouseDown、MouseMove、MouseUp 事件。

(2) 水平滚动条控件数组的使用。

【程序分析】

此程序关键要解决两个问题。

(1) 如何用鼠标画线。用鼠标画线,可以使用 Picture 控件的 Line 方法和 Circle 方法,整个画线的过程是在 MouseDown 事件中记录下当前鼠标的位置;MouseMove 事件中开始用这

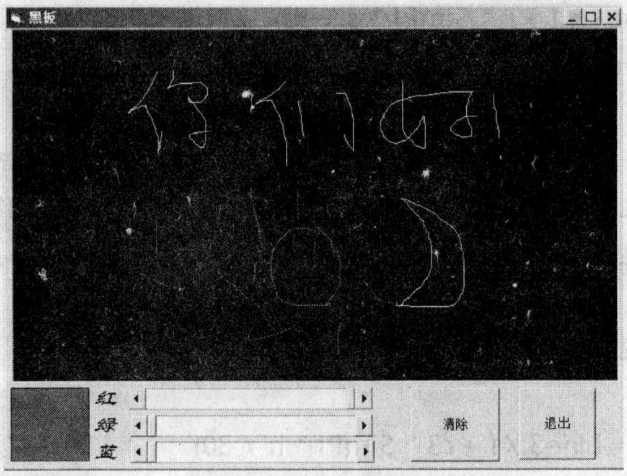

图 5－3　黑板运行界面

两种方法画线,MouseUp 事件中结束画线。

(2) 如何调整颜色。使用了水平滚动条控件数组,数组中一共三个元素,分别调整三原色的值。用这种方法,可以轻松地调出任何颜色。

【实验步骤】

(1) 启动 Visual Basic 6.0。

(2) 打开新的"标准 EXE"工程。

(3) 在窗体上放置 1 个图片框,2 个命令按钮,1 个形状,3 个标签,1 个水平滚动条的控件数组。控件数组的建立方法是,先在窗体上画 1 个水平滚动条,然后用复制命令,再复制出其他两个,那么这 3 个水平滚动条就组成了一个控件数组。程序界面如图 5－3 所示。

(4) 主要属性设置如表 5－3 所示。

表 5－3　主要属性设置表

控件	属性	属性值	说明
Form1	Caption	黑板	
Picture1	BackColor	&H80000008&	图片框的底色为黑色
HScroll1(0)	Index	0	
	Min	0	滚动条的最小值为 0
	Max	255	滚动条的最大值为 255
HScroll1(1)	Index	1	
	Min	0	滚动条的最小值为 0
	Max	255	滚动条的最大值为 255
HScroll1(2)	Index	2	
	Min	0	滚动条的最小值为 0
	Max	255	滚动条的最大值为 255
Lable1	Caption	红	
Lable2	Caption	绿	

续表 5-3

控件	属性	属性值	说明
Lable3	Caption	蓝	
Shape1	FillColor	0 - Solid	
Command1	Caption	退出	
Command2	Caption	清除	

(5) 编写程序。

① 在"通用"中,定义一个窗体级变量,用于保存画笔颜色和画画的标记。

```
Dim myred, mygreen, myblue As Integer                '记录三原色
Dim drawnow As Boolean                                '记录是否开始画画
```

② 在窗体的 Load 事件中添加如下代码。

```
Private Sub Form_Load()
    '使画笔的颜色为白色
    HScroll1(0) = 255
    HScroll1(1) = 255
    HScroll1(2) = 255
End Sub
```

③ 在定时器 HScroll1_Change 事件中添加如下代码。

```
Private Sub HScroll1_Change(Index As Integer)        '设置调色板的颜色
    Select Case Index
      Case 0
        myred = HScroll1(0).Value
      Case 1
        mygreen = HScroll1(1).Value
      Case 2
        myblue = HScroll1(2).Value
    End Select
    Shape1.FillColor = RGB(myred, mygreen, myblue)
    Picture1.ForeColor = Shape1.FillColor              '设置画笔的颜色
End Sub
```

④ 分别在图片框的 MouseDown 事件、MouseMove 事件及 MouseUp 事件中添加如下代码。

```
Private Sub Picture1_ MouseDown(Button As Integer, Shift As Integer, X As Single, _
                                Y As Single)
    drawnow = True                                     '开始画画
    Picture1.CurrentX = X                              '获取当前鼠标的坐标
    Picture1.CurrentY = Y
End Sub
```

```
Private Sub Picture1_MouseMove(Button As Integer, Shift As Integer, X As Single, _
                                        Y As Single)
    If drawnow= True Then
        Picture1.Line - (X, Y)                          '随鼠标移动画线
        Picture1.Circle (X, Y), 5                       '画点
    End If
End Sub

Private Sub Picture1_MouseUp(Button As Integer, Shift As Integer, X As Single, _
                                        Y As Single)
    drawnow = False                                     '结束画画
End Sub
```

⑤ 在定时器 Command1_Click 事件和 Command2_Click 事件中分别添加如下代码。

```
'退出
Private Sub ()
    End
End Sub
'清除
Private Sub Command2_Click()
    Picture1.Cls
End Sub
```

(6) 保存"工程"并运行。

5.4 图片浏览器

【实验要求】

建立一个图片浏览器。如图 5-4 所示,在窗体右边的列表框中列出所有图片的名字。当选定某图片文件,在左边的图片框中就能显示相应的图片,对于大小超过图片框的图片,能用滚动条来辅助浏览。

图 5-4 图片浏览器

【预备知识】

(1) 图片框的使用。

(2) 装载图片语句 LoadPicture。

(3) 列表框的使用。

(4) 使用代码来修改控件的属性值。

【程序分析】

在窗体上添加两个图片框,一个起到

容器作用，另一个用来显示图片。在容器图片框内添加水平滚动条和垂直滚动条，用于调整图片的显示位置。在列表框中添加图片选项，用于对图片文件的选择。

因为图片太大时，要用滚动条来控制图片的浏览。可以在移动滚动条时，调整图片的位置。改变水平滚动条时，就改变图片 Left 属性；改变垂直滚动条时，改变图片的 Top 属性。

【实验步骤】

(1) 启动 Visual Basic 6.0。

(2) 打开新的"标准 EXE"工程。

(3) 在窗体上放置 1 个列表框，1 个图片框，在图片框 1(Picture1)中添加 1 个水平滚动条，1 个垂直滚动条和另 1 个图片框(Picture2)，如图 5-5 所示。在这里直接将控件放到窗体中，调整好 List1 和 Picture1 的位置，其他控件的位置通过代码进行调整。

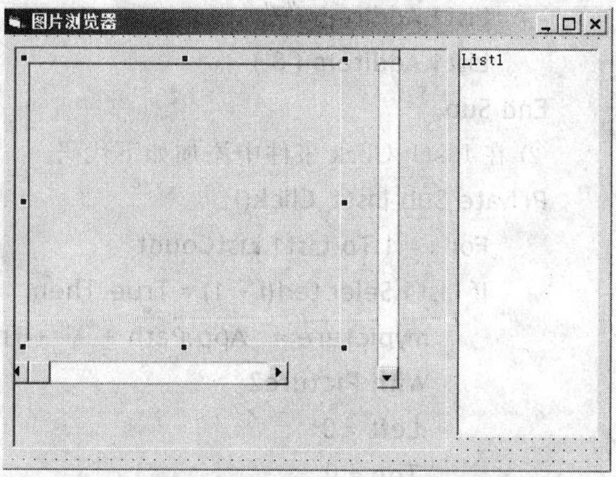

图 5-5 窗体设计

(4) 将 Form1 的 Caption 属性设置为"图片浏览器"。

(5) 编写程序。

① 在窗体的 Load 事件中添加如下代码。

```
Private Sub Form_Load()
    List1.Left = Form1.ScaleWidth - List1.Width
    Picture1.Height = Form1.ScaleHeight - 200
    Picture1.Width = Form1.ScaleWidth - List1.Width - 200
    List1.Height = Picture1.Height
    '调整水平滚动条的位置
    HScroll1.Height = 255
    HScroll1.Left = 0
    HScroll1.Width = Picture1.Width
    HScroll1.Top = Picture1.Height - HScroll1.Height
    '调整垂直滚动条的位置
    VScroll1.Top = 0
    VScroll1.Width = 255
    VScroll1.Height = Picture1.Height - 255
    VScroll1.Left = Picture1.Width - VScroll1.Width
    '调整图片框的位置
    Picture2.Top = 0
    Picture2.Left = 0
    Picture2.Width = Picture1.Width - VScroll1.Width
    Picture2.Height = VScroll1.Height
    '在列表框中添加可选文件名
```

```
        List1.AddItem ("1")
        List1.AddItem ("2")
        List1.AddItem ("3")
        List1.AddItem ("4")
        List1.AddItem ("5")
        List1.AddItem ("6")
        List1.AddItem ("7")
        List1.AddItem ("8")
End Sub
```

② 在 List1_Click 事件中添加如下代码。

```
Private Sub List1_Click()
    For i = 1 To List1.ListCount
    If List1.Selected(i - 1) = True Then
        mypicture =  App.Path + "\" + Trim(Str(i)) + ".jpg"      '装载图片
        With Picture2
        .Left = 0
        .Top = 0
        .Picture = LoadPicture(mypicture)
        End With
        '计算实际图片大多少
        h = Picture2.Height - Picture1.Height
        v = Picture2.Width - Picture1.Width
        '修改滚动条的值的变化范围
        VScroll1.Max = IIf(h > 0, h, 0)
        HScroll1.Max = IIf(v > 0, v, 0)
        VScroll1.Value = 0
        HScroll1.Value = 0
        Exit For
    End If
    Next i
End Sub
```

③ 在 HScroll1_Change 事件中添加如下代码。

```
'水平移动图片
Private Sub HScroll1_Change()
    Picture2.Left = 0 - HScroll1.Value
End Sub
```

④ 在定时器 Timer2_Timer 事件中添加如下代码。

```
'垂直移动图片
Private Sub VScroll1_Change()
```

```
    Picture2.Top = 0 - VScroll1.Value
End Sub
```

(6) 保存“工程”并运行。

【程序改进】

若想让窗体的大小改变时,整个界面也跟着改变,那么可以在窗体的 Resize 事件中添加如下代码。

```
Private Sub Form_Resize()
    List1.Left = Form1.ScaleWidth - List1.Width
    Picture1.Height = Form1.ScaleHeight - 200
    Picture1.Width = Form1.ScaleWidth - List1.Width - 200
    List1.Height = Picture1.Height
    '调整水平滚动条的位置
    HScroll1.Height = 255
    HScroll1.Left = 0
    HScroll1.Width = Picture1.Width
    HScroll1.Top = Picture1.Height - HScroll1.Height
    '调整垂直滚动条的位置
    VScroll1.Top = 0
    VScroll1.Width = 255
    VScroll1.Height = Picture1.Height - 255
    VScroll1.Left = Picture1.Width - VScroll1.Width
    '调整图片框的位置
    Picture2.Top = 0
    Picture2.Left = 0
    Picture2.Width = Picture1.Width - VScroll1.Width
    Picture2.Height = VScroll1.Height
End Sub
```

5.5 简单文档编辑器

【实验要求】

编写类似于记事本的一个文档编辑器,程序界面如图 5-6 所示。

详细功能要求如下。

(1) 有菜单和工具栏,可以调整文档的字体样式、大小以及一些简单的格式。

(2) 工具栏上有 4 个工具按钮,分别是“新建”、“字体”、“字体大小”和“字体格式”。在运行时,当鼠标指到某一按钮时,可以显示提示信息,如图 5-7 所示。

(3) 工具栏上有的功能,菜单也有相应的对应项。

(4) 单击“字体”按钮,弹出字体设置对话框,在调整字体的时候可以看到字体设置的预览,按“确定”,文档的字体相应改变;按“取消”,则放弃设置。如图 5-8 所示。

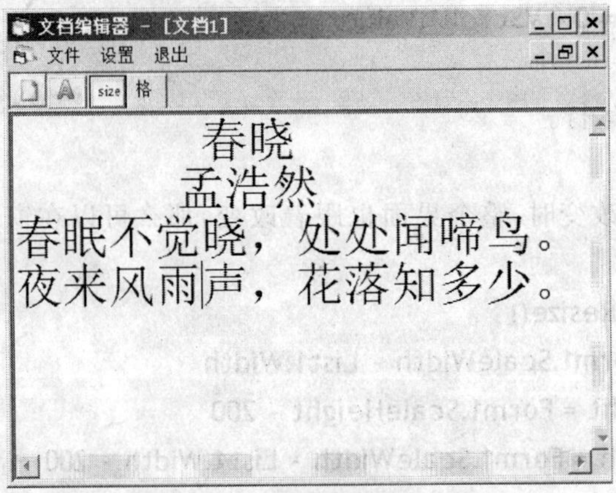

图 5-6　文档编辑器运行主界面

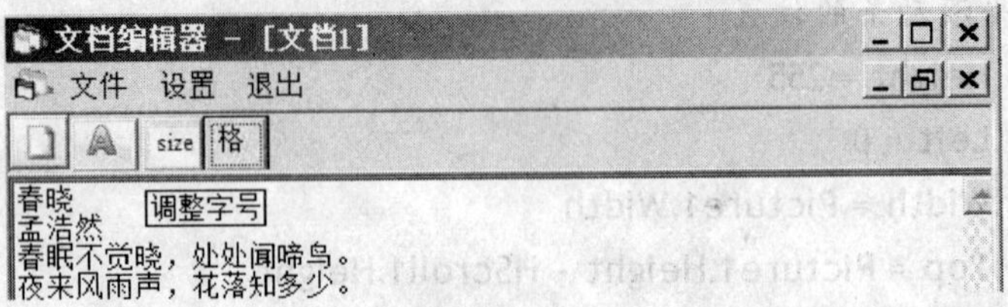

图 5-7　工具按钮提示

(5) 单击“字体大小”按钮，弹出设置字体大小对话框，通过水平滚动条调整字体的大小，同时具体的字号在文本框中显示，并可以在预览窗体上看到调整字号的实际大小。如图 5-9 所示。

(6) 单击“字体格式”按钮，弹出设置字体格式对话框。可以对格式进行加粗或斜体的改变，如图 5-10 所示。

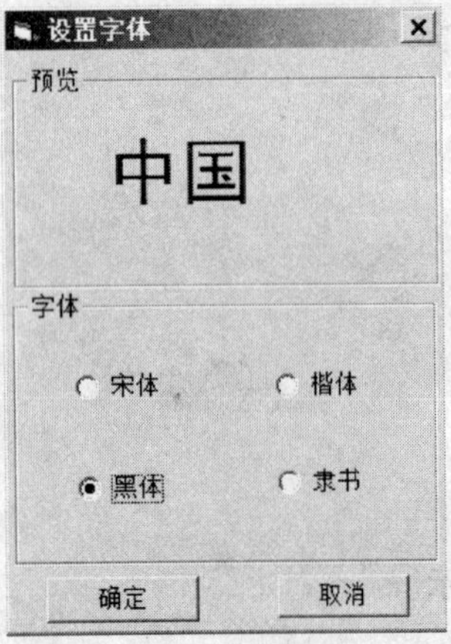

图 5-8　设置字体窗口

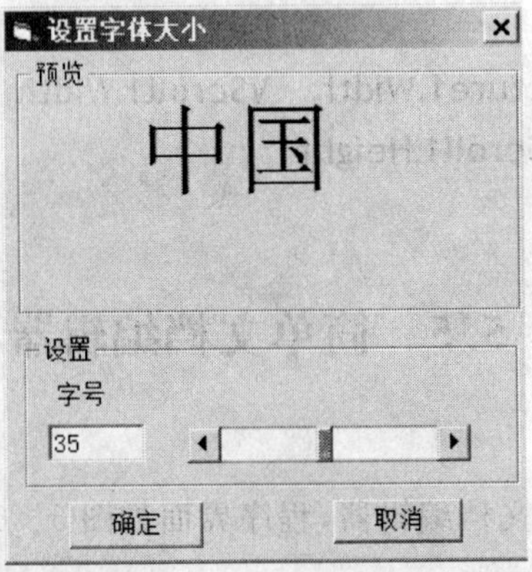

图 5-9　设置字体大小窗口

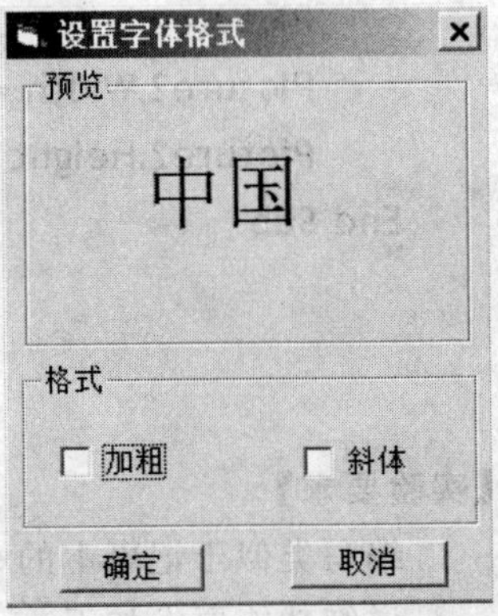

图 5-10　设置字体格式窗口

【预备知识】

(1) 多窗体的建立。

(2) MDI 窗体的建立。

(3) MDI 子窗体的建立。

(4) 菜单的建立与使用。

（5）工具栏的建立。

【程序分析】

本程序的关键是多窗口之间的切换和参数在窗口之间的传送。所以编写程序时，如果要用到或设置另一个窗体的属性，则在属性前必须加上窗体名。

【实验步骤】

（1）启动 Visual Basic 6.0。

（2）打开新的“标准 EXE”工程。

（3）MDI 主窗体的建立。

① 添加 MDI 窗体。在菜单栏中选择“工程 ”→“添加 MDI 窗体”，如图 5-11 所示。

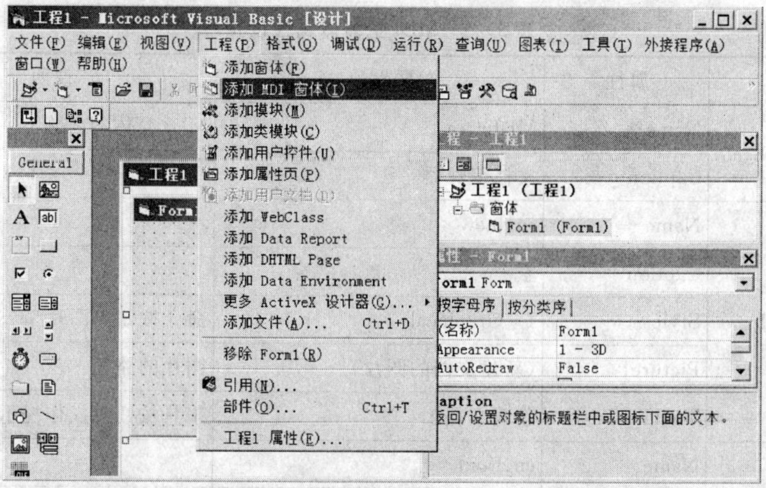

图 5-11　添加 MDI 窗体

“工程资源管理器”中添加一个 MDIForm1 窗体，同时在窗体设计器窗体中显示 MDI 窗体（一个工程只允许有一个 MDI 窗体），如图 5-12 所示。

② 添加菜单。单击工具栏上的菜单编辑器按钮，弹出“菜单编辑器”对话框，如图 5-13 所示，并按表 5-4 编辑菜单。

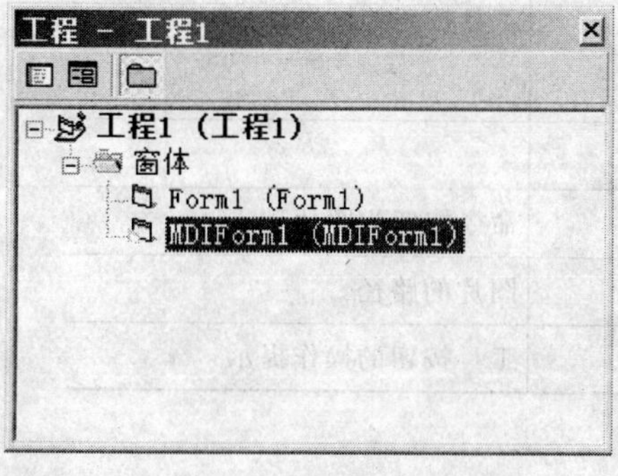

图 5-12　工程资源管理器中的显示

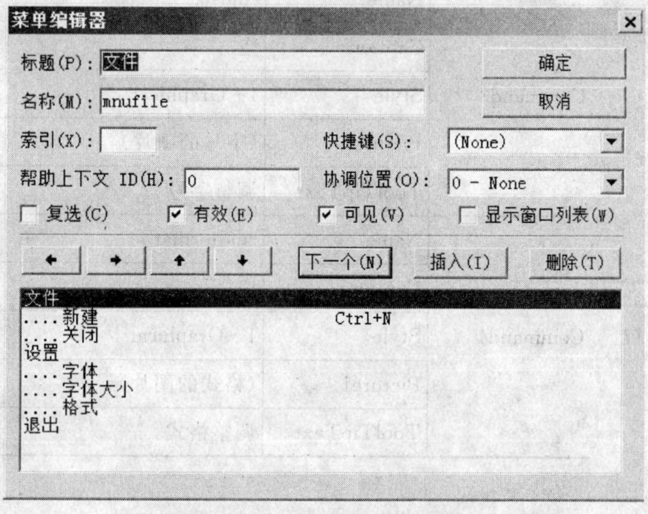

图 5-13　菜单编辑器窗口

表 5-4 菜单项的设置表

标题	名称	标题	名称
文件	mnufile	…字体	mnufont
…新建	mnunew	…字体大小	mnusize
…关闭	mnuexit	…格式	mnuformat
设置	mnuset	退出	mnuquit

③ 工具栏的建立。在 MDIForm1 上新建一个图片框 Picture1 作为容器,在 Picture1 上再添加 4 个按钮,如图 5-7,并设置控件属性如表 5-5。

表 5-5 MDI 主窗体属性设置

控件	属性	属性值	说明
MDIForm1	Name	MDImain	MDI 窗体的名称
	Caption	文档编辑器	
Command1	Name	cmdnew	
	Caption	空	
	Style	1 - Graphical	命令按钮为图片型
	Picture1	(新建文档的图片)	图片的路径
	ToolTipText	新建文档	工具按钮的操作提示
Command2	Name	cmdfont	
	Caption	空	
	Style	1 - Graphical	命令按钮为图片型
	Picture1	(字体的图片)	图片的路径
	ToolTipText	调整字体	工具按钮的操作提示
Command3	Name	cmdsize	
	Caption	空	
	Style	1 - Graphical	命令按钮为图片型
	Picture1	(字号的图片)	图片的路径
	ToolTipText	调整字号	工具按钮的操作提示
Command4	Name	cmdformat	
	Caption	空	
	Style	1 - Graphical	命令按钮为图片型
	Picture1	(格式的图片)	图片的路径
	ToolTipText	调整格式	工具按钮的操作提示

(4) MDI 子窗体(新文档窗体)的建立。在 Form1 窗体上添加 1 个文本框,并设置属性如表 5-6。

表 5-6 MDI 子窗体属性设置

控件	属性	属性值	说明
Form1	Name	frmtxt	
	Caption	文档 1	
	MDIChild	True	设置为 MDI 子窗体
	WindowState	2-Maximized	使它以最大化方式运行
Text1	Name	txtfile	
	Text	空	
	MultiLine	True	文本可以多行显示
	ScrollBars	3-Both	文本框显示水平滚动条和垂直滚动条

(5)"设置字体"窗口的建立。单击"工程"→"添加新窗体",添加一个新窗体"Form1",在窗体上放置 2 个按钮、2 个框架;在框架 1(Frame1)中添加 1 个标签,在框架 2(Frame2)中添加 4 个单选框。如图 5-8 所示,并设置属性如表 5-7 所示。

表 5-7 设置字体窗体主要属性设置表

控件	属性	属性值	说明
Form1	Name	frmfont	
	Caption	设置字体大小	
Frame1	Caption	预览	
Lable1	Name	lblview	用于字体设置效果的演示
	Caption	中国	
Frame2	Caption	字体	
Option1	Name	opts	
	Caption	宋体	
Option2	Name	opth	
	Caption	黑体	
Option3	Name	optk	
	Caption	楷体	
Option4	Name	optl	
	Caption	隶书	
Command1	Name	cmdok	
	Caption	确定	
Command2	Name	cmdcancle	
	Caption	取消	

(6)“设置字体大小”窗体的建立。单击“工程”→“添加新窗体”,添加一新窗体 Form1,在窗体上放置 2 个按钮、2 个框架;在框架 1 中添加 1 个标签;在框架 2 中添加 1 个文本框、1 个标签、1 个水平滚动条,如图 5-9 所示,并设置属性如表 5-8 所示。

表 5-8 设置字体大小窗体主要属性设置表

控件	属性	属性值	说明
Form1	Name	frmsize	
	Caption	设置字体大小	
Frame1	Caption	预览	
Lable1	Name	lblview	用于字体设置效果的演示
	Caption	中国	
Frame2	Caption	设置	
Lable2	Caption	字号	
Text1	Name	txtsize	
	Text	空	
HScroll1	Min	1	最小字体是 1 号字
	Max	72	最大字体是 72 号字
Command1	Name	cmdok	
	Caption	确定	
Command2	Name	cmdcancle	
	Caption	取消	

(7)“设置字体格式”窗体的建立。单击“工程”→“添加新窗体”,添加一新窗体 Form1,在窗体上放置 2 个按钮,2 个框架;在框架 1 中添加 1 个标签;在框架 2 中添加 2 个复选框。如图 5-9 所示,并设置属性如表 5-9 所示。

表 5-9 设置字体格式窗体主要属性设置表

控件	属性	属性值	说明
Form1	Name	frmformat	
	Caption	设置字体格式	
Frame1	Caption	预览	
Lable1	Name	lblview	用于字体设置效果的演示
	Caption	中国	
Frame2	Caption	设置	
Check1	Name	chkbold	
	Caption	加粗	

续表 5－9

控件	属性	属性值	说明
Check2	Name	chkitalic	
	Caption	斜体	
Command1	Name	cmdok	
	Caption	确定	
Command2	Name	cmdcancle	
	Caption	取消	

(8) 编写程序。

① 在 MDI 主窗体中添加如下代码，主要是调用其他子窗体。

```
'字体工具按钮
Private Sub cmdfont_Click()
    frmfont.Show                                    '调用设置字体窗体
End Sub
'字体格式工具按钮
Private Sub cmdformat_Click()
cfrmformat.Show
End Sub
'字体大小工具按钮
Private Sub cmdsize_Click()
    Frmsize.Show
End Sub
'新建文档工具按钮
Private Sub cmdnew_Click()
    frmtxt.Show
End Sub
'菜单"关闭"
Private Sub mnuexit_Click()
    Unload frmtxt
End Sub
'菜单"字体"
Private Sub mnufont_Click()
    frmfont.Show
End Sub
'菜单"格式"
Private Sub mnuformat_Click()
    frmformat.Show
End Sub
```

```
'菜单"新建"
Private Sub mnunew_Click()
    frmtxt.Show
End Sub
'菜单"退出"
Private Sub mnuquit_Click()
    End
End Sub
'菜单"字体大小"
Private Sub mnusize_Click()
    Frmsize.Show
End Sub
```

② 在设置字体大小窗体中添加如下代码。

```
'取消
Private Sub cmdcancel_Click()
    Unload Me
End Sub
'确定
Private Sub cmdok_Click()
    frmtxt.txtfile.FontSize = HScroll1.Value
    Unload Me
End Sub

Private Sub Form_Load()
    HScroll1.Value = frmtxt.txtfile.FontSize
    txtsize.Text = HScroll1.Value
    lblview.FontSize = HScroll1.Value
End Sub

Private Sub HScroll1_Change()
    txtsize.Text = HScroll1.Value
    lblview.FontSize = HScroll1.Value
End Sub
```

③ 在设置字体窗体中添加如下代码。

```
'取消
Private Sub cmdcancle_Click()
    Unload Me
End Sub
'确定
```

```
Private Sub cmdok_Click()
    frmtxt.txtfile.FontName= lblview.FontName
    Unload Me
End Sub

Private Sub Opth_Click()
    lblview.FontName = Opth.Caption
End Sub

Private Sub Optk_Click()
    lblview.FontName = Optk.Caption
End Sub

Private Sub Optl_Click()
    lblview.FontName = Optl.Caption
End Sub

Private Sub Opts_Click()
    lblview.FontName = Opts.Caption
End Sub
```

④ 在设置字体格式中添加如下代码。

```
'设置粗体
Private Sub chkbold_Click()
    If chkbold.Value =  Checked Then
        lblview.FontBold = True
    Else
        lblview.FontBold = False
    End If
End Sub

'设置斜体
Private Sub chkItalic_Click()
    If chkItalic.Value =  Checked Then
        lblview.FontItalic = True
    Else
        lblview.FontItalic = False
    End If
End Sub
```

```
'取消
Private Sub cmdcancel_Click()
    Unload Me
End Sub

'确定
Private Sub cmdok_Click()
    frmtxt.txtfile.FontBold = lblview.FontBold
    frmtxt.txtfile.FontItalic = lblview.FontItalic
    Unload Me
End Sub

'窗体装载
Private Sub Form_Load()
    '根据文档字体情况设置预览字体
    lblview.FontBold = frmtxt.txtfile.FontBold
    lblview.FontItalic = frmtxt.txtfile.FontItalic
    If lblview.FontBold = True Then
        chkbold.Value = Checked
    Else
        chkbold.Value = Unchecked
    End If
    If Lblview.FontItalic = True Then
        chkItalic.Value = Checked
    Else
        chkItalic.Value = Unchecked
    End If
End Sub
```

(9) 保存"工程"并运行。

习题 5

练习一 设计一窗体,当用户输入出生年份时,系统将会判断出用户的属相并在窗体中输出,程序运行界面如图 5-14 所示。

(提示 属相的计算方法,用年份对 12 取余,如果余数为 0,则属猴;余数为 1,则属鸡……以此类推,余数为 11,则属羊。程序用 Case 语句实现。)

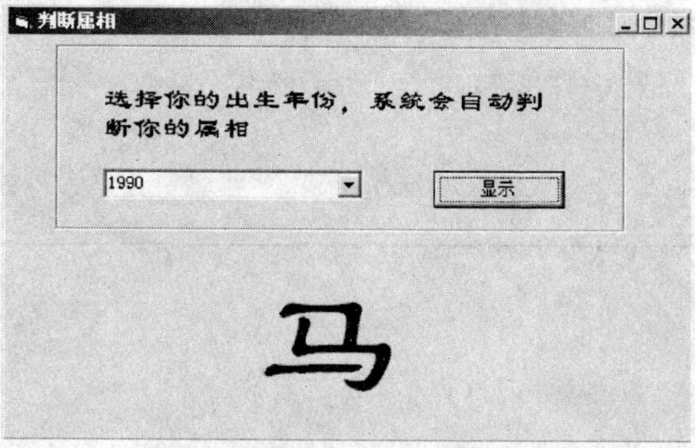

图 5 - 14　练习一运行界面

练习二　设计一个窗体，使用控件数组，使窗体中的文字依次显示，如图 5 - 15 所示。

（提示　使用标签控件数组，每个标签一个字，使用定时器，依次让每个标签可见，其他不可见，就可出现字闪动的效果。）

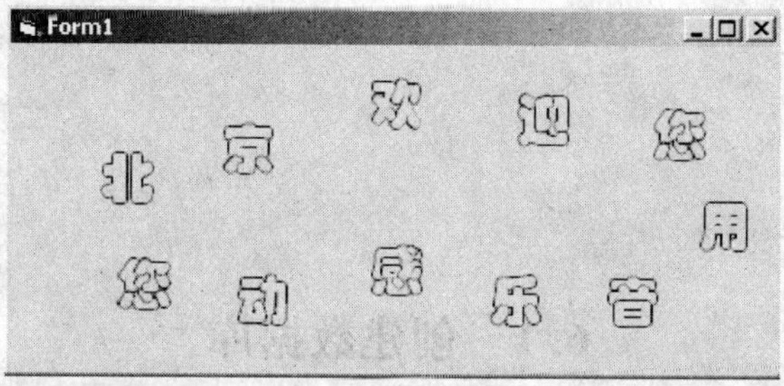

图 5 - 15　练习二运行界面

练习三　设计一窗体，界面如图 5 - 16 所示。要求可以通过选择改变文本框中的字体以及前景色和背景色，通过滚动条可以改变文本框的大小。

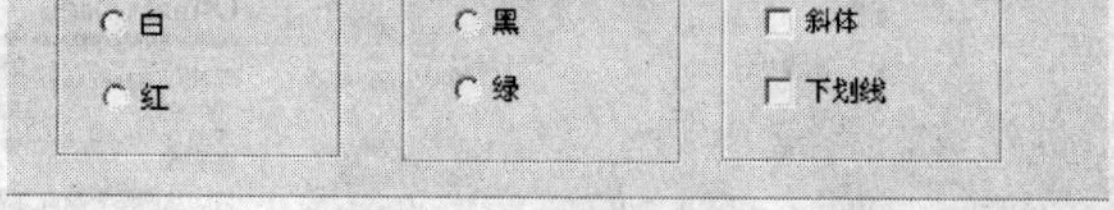

图 5 - 16　练习三运行界面

第 6 章

数据库基础

实验目的

➢ 掌握 Microsoft Office Access 2003 数据库管理系统，建立应用数据库

实验内容

➢ 创建数据库
➢ 创建数据表
➢ 创建查询
➢ 创建窗体

6.1　创建数据库

【实验要求】

以学生成绩管理系统为例，创建学生成绩数据库。

【实验步骤】

(1) 启动 Microsoft Office Access 2003，主窗口如图 6-1 所示。选择“文件”→“新建”命令，或单击工具栏上的“新建”按钮，打开“新建文件”任务窗格，如图 6-2 所示。

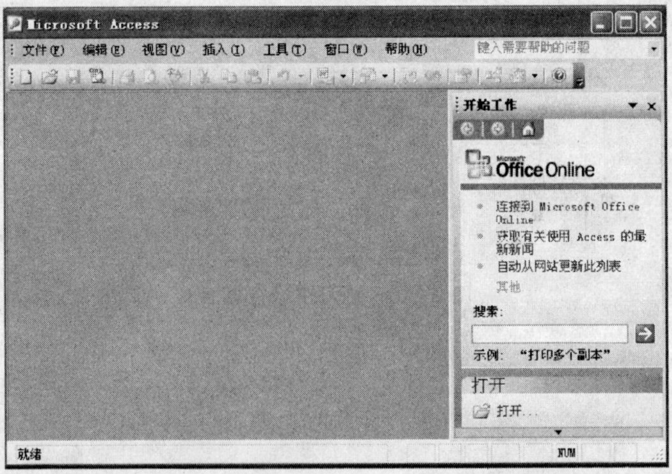

图 6-1　Microsoft Office Access 2003 主窗口

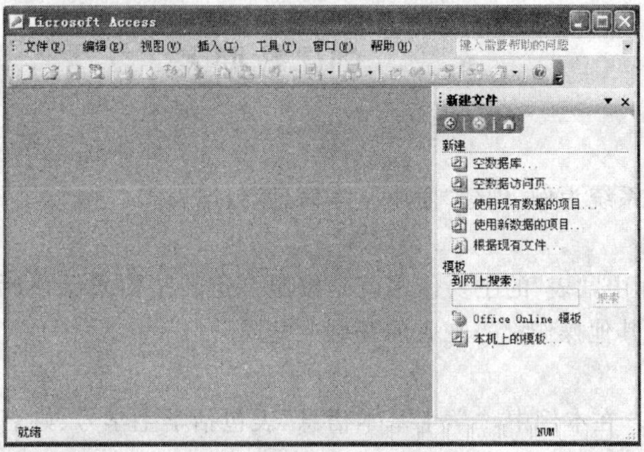

图 6-2　“新建文件”任务窗格

(2) 在“新建文件”任务窗格中单击“空数据库”超链接，弹出“文件新建数据库”对话框，如图 6-3 所示。

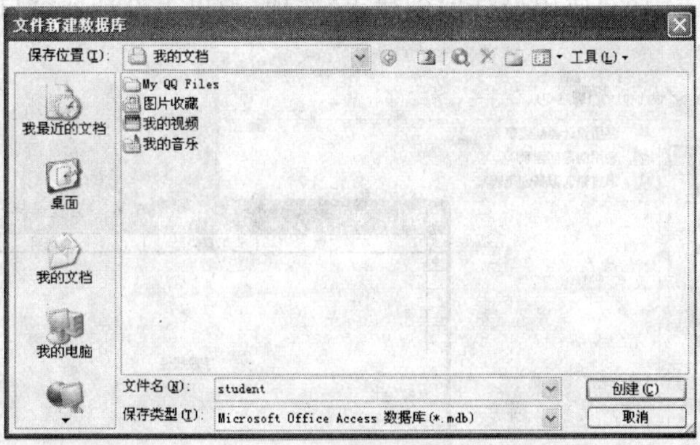

图 6-3　“文件新建数据库”对话框

(3) 在打开的“文件新建数据库”对话框中输入文件名“student”，选择保存路径为“我的文档”，保存类型为“Microsoft Office Access 数据库”。然后单击“创建”按钮，弹出“student：数据库”窗口，此时，学生成绩数据库 student.mdb 就被创建成功了，如图 6-4 所示。

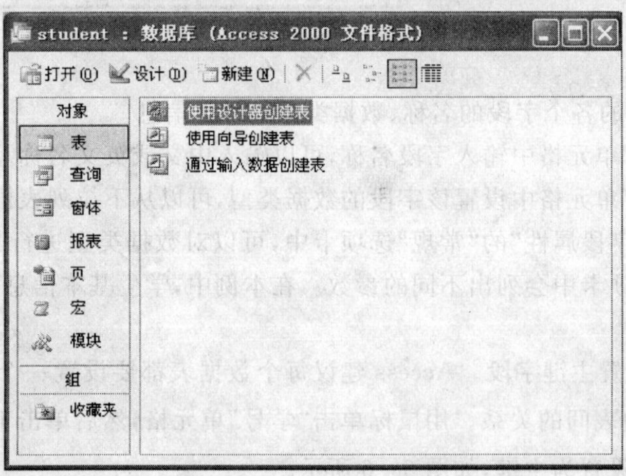

图 6-4　“student：数据库”窗口

6.2　创建数据表

【实验要求】

以学生成绩管理系统为例,创建“学生基本信息”数据表。

【知识要点】

在 Access 数据库中,“表”的主要作用就是按照一定的结构来保存所有数据,它是数据库的核心,查询、报表等其他操作都需在它的基础上完成。

【实验步骤】

(1) 设计表结构。在本例中,“学生基本信息”表包括学生学号、姓名、性别、出生年月、专业等字段。

(2) 单击数据库主窗口左侧“对象”列表框中的“表”选项,在右侧列表中出现“使用设计器创建表”、“使用向导创建表”和“通过输入数据创建表”3 个选项。

(3) 双击右侧列表中的“使用设计器创建表”选项,弹出表设计器窗口,如图 6-5 所示。

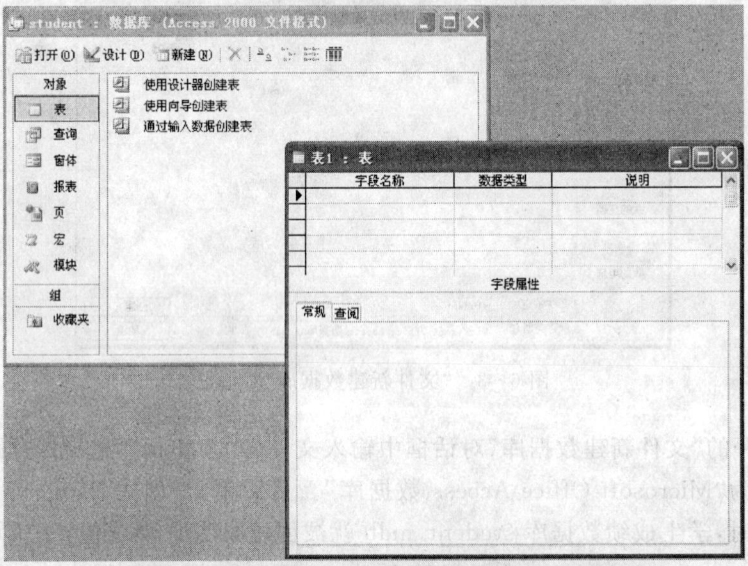

图 6-5　表设计器窗口

(4) 设置数据表的各个字段的名称、数据类型等各类信息。

①在“字段名称”单元格中输入字段名称,可以输入中文或英文名称。

②在“数据类型”单元格中设置该字段的数据类型,可以从下拉列表框选择具体的类型。

③在窗口下面“字段属性”的“常规”选项卡中,可以对数据类型进行具体的设置。不同的数据类型,“常规”选项卡中会列出不同的参数。在本例中,学生基本信息表中的各个字段类型设置如图6-6所示。

(5) 为数据表设置主键字段。Access 建议每个数据表都要设置一个主键字段,这样才能定义与数据库中其他表间的关系。用鼠标单击“学号”单元格,然后单击工具栏上的钥匙图标,就可以把此字段设置为主键,如图 6-6 所示。

(6) 保存数据表。完成所有字段及数据类型的设置之后，数据表框架设计结束。按“Ctrl＋S”组合键进行保存。第一次保存数据表时会弹出一个“另存为”对话框，如图 6－7 所示，输入数据表名称后“确定”即可。

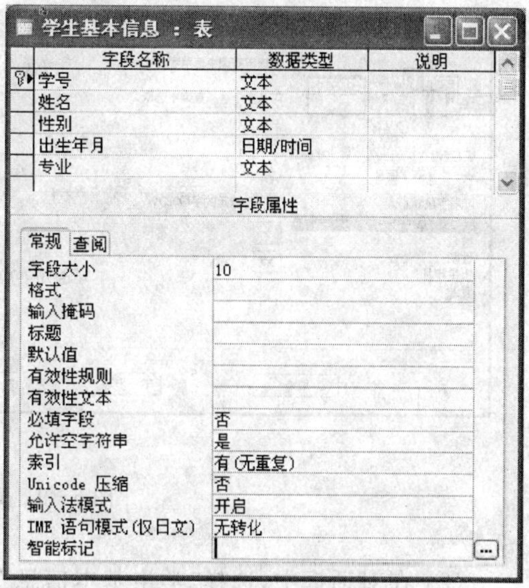

图 6－6　字段类型设置

(7) 向数据表中输入数据。关闭设计视图窗口，双击在数据库主窗口中刚保存的“学生基本信息”表后进入数据表视图窗口，就可以向数据表中输入数据了。单击某单元格即可输入数据，按“Tab”键或“Enter”键可快速进入下一个单元格，用方向键也可在单元格中快速切换。在本例中，“出生年月”字段选择的是“日期/时间”类型，比如输入“08/10/1”或“08－10－1”，都会自动转换成标准格式“2008－10－1”，如图 6－8 所示。

图 6－7　“另存为”对话框

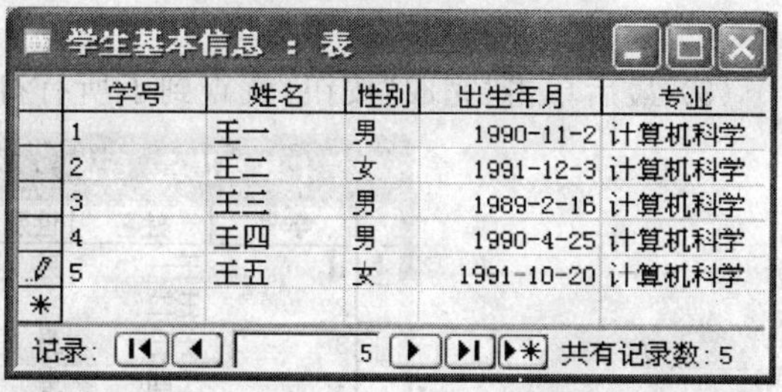

图 6－8　向“学生基本信息”数据表输入数据

6.3　创建查询

【实验要求】

以学生成绩管理系统为例，用两种方法创建“学生基本信息”查询。

【知识要点】

对于表中的数据，可以利用查询将它们根据不同的要求组织在一起，也可以根据某一特定的目的查找符合条件的数据。

【实验步骤】

方法一：使用向导创建查询

(1) 单击“对象”列表框中的“查询”选项，双击“使用向导创建查询”选项，弹出“简单查询向导”对话框，如图 6－9(a)所示。

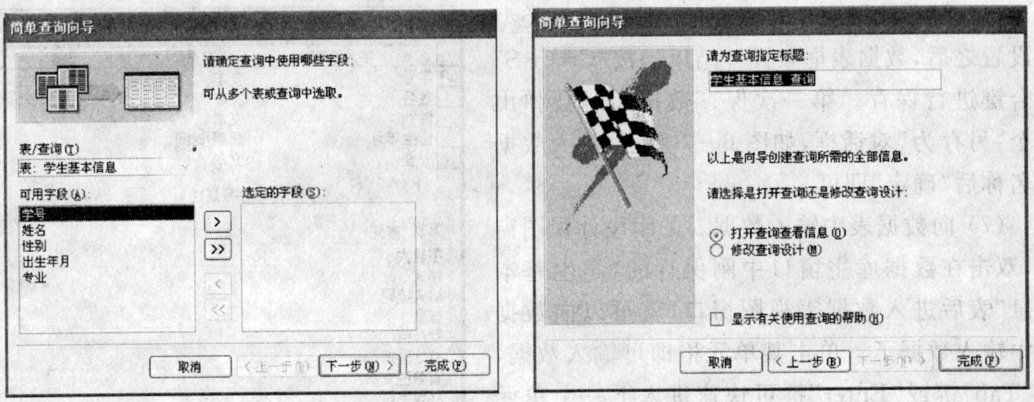

(a)　　　　　　　　　　(b)

图 6-9　简单查询向导对话框

(2) 在对话框中,选择“学生基本信息”表并选择全部字段,然后单击“下一步”按钮,进入“简单查询向导”第二个对话框,在其中选择 “打开查询查看信息”单选按钮,如图 6-9(b)所示。

(3) 最后单击“完成”按钮,就查到了所有符合条件的记录,如图 6-10 所示。

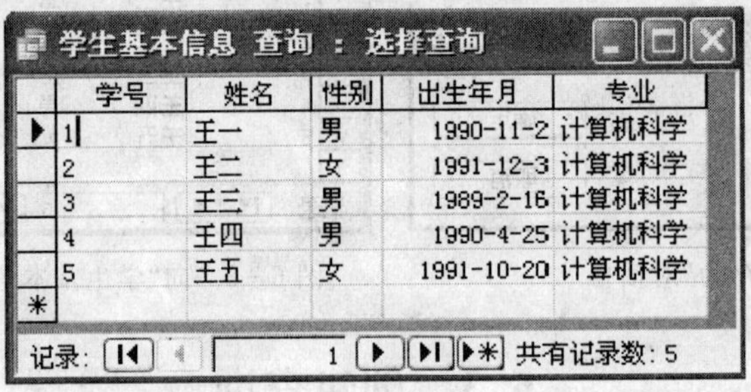

图 6-10　简单查询结果

方法二:使用设计器创建查询

(1) 在数据库窗口中,单击“对象”栏中的“查询”选项,然后运行“使用设计器创建查询”命令,弹出“显示表”对话框。在“显示表”对话框中,选择“学生基本信息”表,如图 6-11 所示。

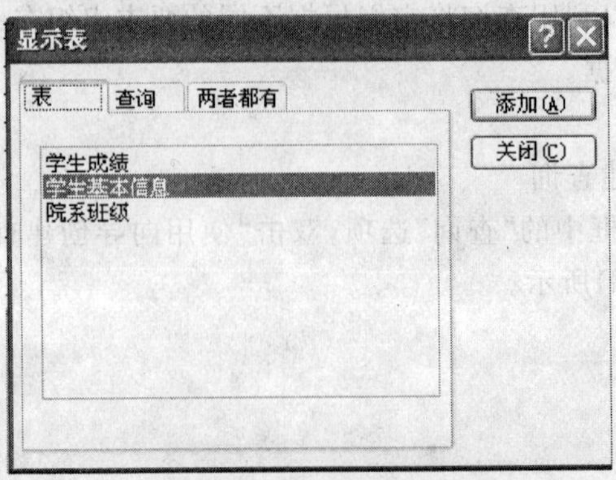

图 6-11　显示表对话框

(2) 在显示表对话框中单击“添加”按钮，把“学生基本信息”添加到选择查询窗口中，然后单击“关闭”按钮关闭显示表对话框，如图 6－12 所示。

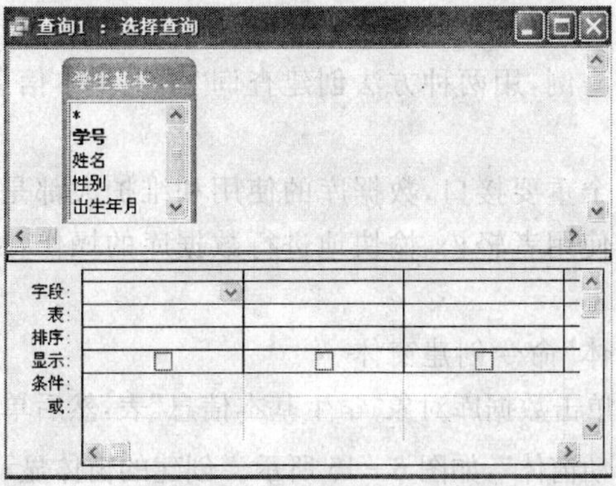

图 6－12　选择查询窗口 1

(3) 在选择查询窗口下半部分，在字段下拉列表框中分别选择“学生基本信息”表中的每一个字段，如图 6－13 所示。

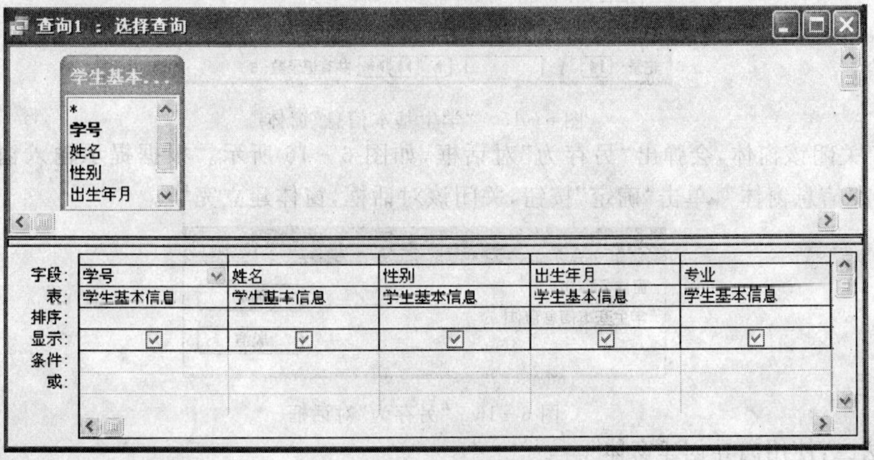

图 6－13　选择查询窗口 2

(4) 关闭选择查询窗口，出现“另存为”对话框，提示给建立的查询命名，如图 6－14 所示。输入查询名称“学生基本信息查询”，然后单击“确定”按钮，查询建立完毕。

图 6－14　“另存为”对话框

6.4 创建窗体

【实验要求】

以学生成绩管理系统为例,用两种方法创建查询"学生基本信息"窗体。

【知识要点】

窗体是人机交互的一个重要接口,数据库的使用和维护大都是通过窗体这一接口完成的。好的窗体结构与风格能使使用者轻松、愉快地进行数据库的操作,从而扩大应用软件的应用。

【实验步骤】

方法一:使用"自动窗体"命令创建窗体

(1) 在数据库窗口中,单击数据库对象"学生基本信息"表,然后单击工具栏上的"新对象"按钮  ,再从列表中选择"自动窗体",如图 6-15 所示。创建的窗体显示了该表中所有字段及记录。

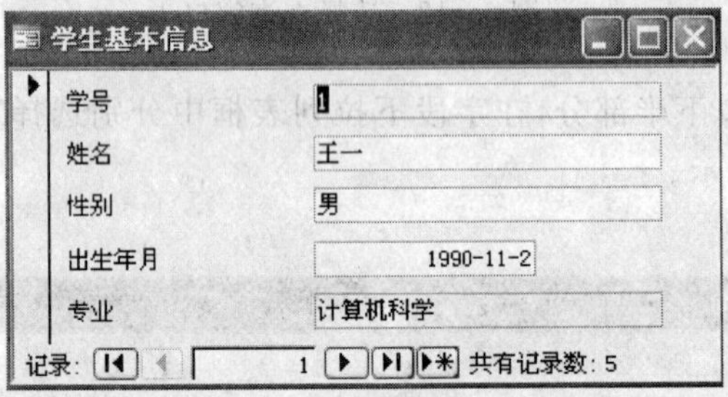

图 6-15 "学生基本信息"窗体

(2) 关闭该窗体,会弹出"另存为"对话框,如图 6-16 所示。根据提示输入窗体的名称"学生基本信息窗体",单击"确定"按钮,关闭该对话框,窗体建立完毕。

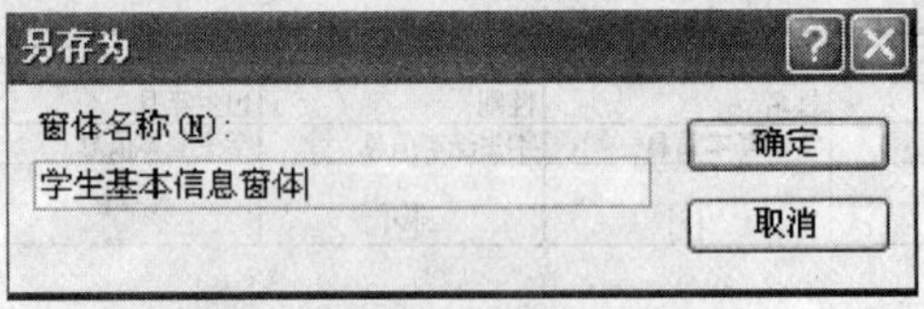

图 6-16 "另存为"对话框

方法二:使用向导创建窗体

(1) 在数据库窗口中,单击"窗体"选项,再双击右部列表框中的"使用向导创建窗体"列表项,或在数据库视图下单击工具栏上的"新对象"按钮,执行下拉菜单中的"窗体"命令,弹出如图 6-17(a)所示的对话框。

(2) 在 6-17(a)中选择"学生基本信息"表,并选择全部字段,单击"下一步"按钮进入窗体向导对话框 2,如图 6-17(b)所示。

(3) 在 6-17(b)中选择布局为缺省的"纵栏表"布局,单击"下一步"按钮进入窗体向导对话框 3,如图 6-17(c)所示。

(4) 在 6-17(c)中选择窗体的样式,这里选择缺省的"沙岩"样式。单击"下一步"按钮进入窗体向导对话框 4,如图 6-17(d)所示。

(5) 在 6-17(d)中输入窗体的名字为"学生基本信息窗体",单击"完成"按钮,弹出新建的窗体对话框,如图 6-18 所示。此时,窗体建立完毕。

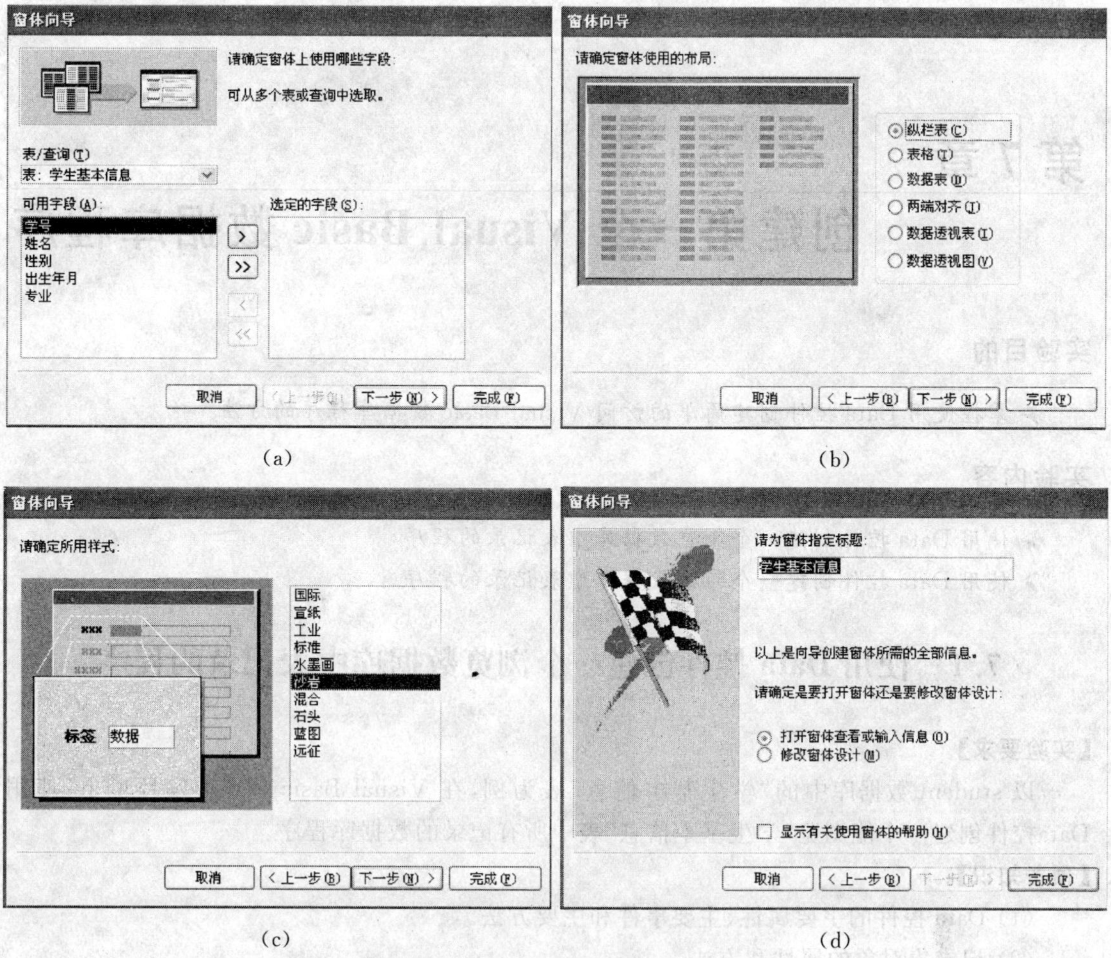

图 6－17　窗体向导对话框

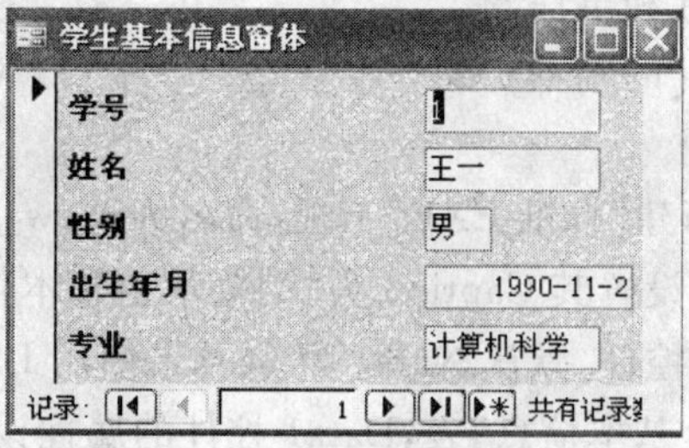

图 6－18　“学生基本信息窗体”对话框

习题 6

练习一　创建一个用于图书管理系统的 Access 数据库文件 book.mdb，并创建“图书基本信息”表，表中各字段及属性可以自定义。

练习二　在完成练习一的基础上，创建“书的完整清单”查询，该查询可以列出图书的完整信息。

练习三　在完成练习一的基础上，创建“图书基本信息”输入窗体，该窗体可以给“图书基本信息”表添加新的记录。

第 7 章

创建第一个 Visual Basic 数据库程序

实验目的

➢ 掌握使用 Data 控件创建简单的访问 Visual Basic 数据库程序的方法

实验内容

➢ 使用 Data 控件创建一个浏览数据库中表记录的程序

➢ 使用 Data 控件创建一个维护数据库中表记录的程序

7.1 使用 Data 控件创建一个浏览数据库中表记录的程序

【实验要求】

以 student 数据库中的“学生基本信息”表为例，在 Visual Basic 6.0 开发环境下，使用 Data控件创建一个能浏览“学生基本信息”表中所有记录的数据库程序。

【预备知识】

(1) Data 控件的主要属性、主要事件和主要方法。

(2) 记录集对象的属性和方法。

(3) 数据绑定控件的属性和事件。

(4) 数据库应用程序设计的基本步骤。

【实验步骤】

(1) 在 Visual Basic 中新建“标准 EXE”工程，命名为 view_stuinfo，保存于适当的目录下。

(2) 打开程序的主窗体，设置其 Caption 为“浏览学生基本信息”。

(3) 向窗体中添加 Data 控件，默认 Name 为 Data1，使用 Data 控件连接和读取 Access 数据库 student. mdb 中的“学生基本信息”表，Data1 控件的属性设置如表 7-1 所示。

表 7-1 Data1 控件主要属性设置

属性	设置值
Caption	Data1
Connect	Access
DataBaseName	D:\stu_mdb\student. mdb
RecordSource	学生基本信息
ReadOnly	True
RecordsetType	0 - Table
Visible	False(值为 True 时，Data 控件运行时可见；为 False 时，Data 控件运行时不可见)

(4) 添加 5 个标签控件、5 个文本框控件和 5 个命令按钮用来显示每个学生的基本信息，设计时界面如图 7-1 所示，各个控件的主要属性设置如表 7-2 所示。

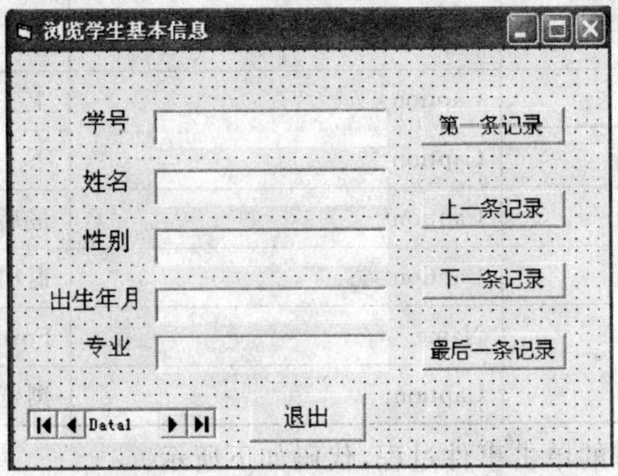

图 7-1　设计时界面

表 7-2　各控件主要属性设置表

对象	属性	设置值
文本框 1	Name	stu_numTxt
	DataField	学号
	DataSource	Data1
文本框 2	Name	stu_nameTxt
	DataField	姓名
	DataSource	Data1
文本框 3	Name	stu_sexTxt
	DataField	性别
	DataSource	Data1
文本框 4	Name	stu_birthdayTxt
	DataField	出生年月
	DataSource	Data1
文本框 5	Name	stu_majorTxt
	DataField	专业
	DataSource	Data1
标签 1	Caption	学号
标签 2	Caption	姓名
标签 3	Caption	性别
标签 4	Caption	出生年月
标签 5	Caption	专业

续表 7-2

对象	属性	设置值
命令按钮 1	Caption	第一条记录
命令按钮 2	Caption	上一条条记录
命令按钮 3	Caption	下一条记录
命令按钮 4	Caption	最后一条记录
命令按钮 5	Caption	退出
主窗体	Name	Form1
	Caption	浏览学生基本信息

(5) 编写各命令按钮的单击事件过程,代码如下所示。

```
Private Sub Command1_Click()                    '记录指针移动到第一条记录
    Data1.Recordset.MoveFirst
End Sub

Private Sub Command2_Click()                    '记录指针移动到上一条记录
    Data1.Recordset.MovePrevious
    If Data1.Recordset.BOF Then                 '判断记录指针是否移动到第一条记录
        MsgBox "当前记录是第一条记录,无上一条记录!"
    End If
End Sub

Private Sub Command3_Click()                    '记录指针移动到下一条记录
    Data1.Recordset.MoveNext
    If Data1.Recordset.EOF Then                 '判断记录指针是否移动到最后一条记录
        MsgBox "当前记录是最后一条记录,无下一条记录!"
    End If
End Sub

Private Sub Command4_Click()                    '记录指针移动到最后一条记录
    Data1.Recordset.MoveLast
End Sub

Private Sub Command5_Click()                    '退出命令按钮单击事件过程
    End
End Sub
```

7.2　使用 Data 控件创建一个维护数据库中表记录的程序

【实验内容】

以 student 数据库中的“学生基本信息”表为例，在 Visual Basic 6.0 开发环境下，使用 Data 控件创建一个能对“学生基本信息”表中所有记录进行添加、查询、修改和删除操作的数据库程序。

【预备知识】

(1) Data 控件的主要属性、主要事件和主要方法。

(2) 记录集对象的属性和方法。

(3) 数据绑定控件的属性和事件。

(4) 数据库应用程序设计的基本步骤。

【实验步骤】

(1) 在 Visual Basic 中新建“标准 EXE”工程，命名为 edit_stuinfo，保存于适当的目录下。

(2) 打开程序的主窗体，设置其 Caption 属性为“维护学生基本信息”。

(3) 向窗体中添加 Data 控件，默认 Name 为 Data1，使用 Data 控件连接和读取 Access 数据库 student. mdb 中的“学生基本信息”表，Data1 控件的属性设置如表 7－3 所示。

表 7－3　Data1 控件主要属性设置

属性	设置值
Caption	Data1
Connect	Access
DataBaseName	D:\stu_mdb\student. mdb
RecordSource	学生基本信息
ReadOnly	False
RecordsetType	1－Dynaset
Visible	True

(4) 添加 5 个标签控件、5 个文本框控件和 6 个命令按钮用来来显示每个学生的基本信息，设计时界面如图 7－2 所示，各个控件的主要属性设置如表 7－4 所示。

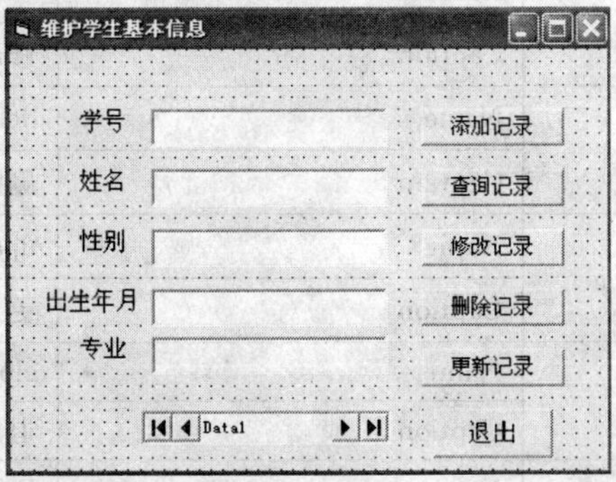

图 7－2　设计时界面

表7-4　各控件主要属性设置表

对象	属性	设置值
文本框1	Name	stu_numTxt
	DataField	学号
	DataSource	Data1
文本框2	Name	stu_nameTxt
	DataField	姓名
	DataSource	Data1
文本框3	Name	stu_sexTxt
	DataField	性别
	DataSource	Data1
文本框4	Name	stu_birthdayTxt
	DataField	出生年月
	DataSource	Data1
文本框5	Name	stu_majorTxt
	DataField	专业
	DataSource	Data1
标签1	Caption	学号
标签2	Caption	姓名
标签3	Caption	性别
标签4	Caption	出生年月
标签5	Caption	专业
命令按钮1	Name	addCmd
	Caption	添加记录
命令按钮2	Name	findCmd
	Caption	查询记录
命令按钮3	Name	editCmd
	Caption	修改记录
命令按钮4	Name	deleteCmd
	Caption	删除记录
命令按钮5	Name	updateCmd
	Caption	更新记录
命令按钮6	Name	closeCmd
	Caption	退出
主窗体	Name	Form1
	Caption	维护学生基本信息

（5）编写各命令按钮的单击事件过程，代码如下所示。

```
Private Sub addCmd_Click()                                         '添加记录
    Data1.Recordset.AddNew                                         '添加新记录
    deleteCmd.Enabled = False
    findCmd.Enabled = False
    editCmd.Enabled = False
    updateCmd.Enabled = True
End Sub

Private Sub findCmd_Click()                                        '查询记录
    s = Trim(InputBox("请输入要查找的学号","查找"))
    xh ="学号 = '" & s & "'"
    Data1.Recordset.FindFirst xh
    If Data1.Recordset.NoMatch Then
        MsgBox"找不到学号为" & xh &"的学生！"
        Data1.Recordset.Move First
    End If
End Sub

Private Sub editCmd_Click()                                        '修改记录
    Data1.Recordset.Edit                                           '修改当前记录
    addCmd.Enabled = False
    findCmd.Enabled = False
    deleteCmd.Enabled = False
    updateCmd.Enabled = True
End Sub

Private Sub deleteCmd_Click()                                      '删除记录
    y = MsgBox("要删除该记录吗?", vbYesNo,"删除记录")
    If y = vbYes Then
        Data1.Recordset.Delete                                     '删除记录
        Data1.Recordset.MoveNext                                   '显示下一记录
        If Data1.Recordset.EOF Then
            Data1.Recordset.MoveFirst
            If Data1.Recordset.BOF Then
                deleteCmd.Enabled = False
                findCmd.Enabled = False
            End If
        End If
    End If
End Sub
```

```
Private Sub updateCmd_Click()                          '更新记录
    Data1.UpdateRecord
    Data1.Recordset.Bookmark = Data1.Recordset.LastModified
    updateCmd.Enabled = False
    addCmd.Enabled = True
    findCmd.Enabled = True
    deleteCmd.Enabled = True
    editCmd.Enabled = True
End Sub

Private Sub closeCmd_Click()                           '退出命令按钮单击事件过程
    End
End Sub

Private Sub Data1_Reposition()                         '更新记录号
    Data1.Caption = "第" & Data1.Recordset.AbsolutePosition + 1 & "个记录"
End Sub

Private Sub Data1_Validate(Action As Integer, Save As Integer)
    If Save = True Then
        y = MsgBox("要保存已更改内容吗?", vbYesNo, "保存记录")
        If y = vbNo Then                               '若回答"否"
            Save = False
        Data1.UpdateControls                           '恢复原值
        End If
    End If
End Sub

Private Sub Form_Initialize()                          '初始化
    If Data1.Recordset.EOF And Data1.Recordset.BOF Then   '检测记录集是否为空
        findCmd.Enabled = False
        deleteCmd.Enabled = False
        editCmd.Enabled = False
    Else
        Data1.Recordset.MoveFirst
    End If
    updateCmd.Enabled = False
End Sub
```

习题 7

练习一　在完成习题 6 练习一的基础上，使用 Data 控件创建一个能够浏览“图书基本信息”表的 Visual Basic 程序。（可参考 7.1 节实验）

练习二　在完成习题 6 练习一的基础上，使用 Data 控件创建一个能够维护“图书基本信息”表的 Visual Basic 程序。（可参考 7.2 节实验）

第 8 章

结构化查询语言

实验目的

➢ 掌握使用 SQL 语句访问 Access 数据库

实验内容

➢ 使用 Data 控件测试常用 SQL 语句

8.1　使用 Data 控件测试常用 SQL 语句

【实验要求】

以 student 数据库中的"学生基本信息"表为例，在 Visual Basic 6.0 开发环境下，使用 Data控件及常用 SQL 语句来操作 student 数据库中"学生基本信息"表中的数据。

【预备知识】

(1) Data 控件的常用属性及用法。

(2) 常用 SQL 语句的用法。

【实验步骤】

(1) 参考第 6 章内容，新建 Access 数据库 student. mdb 及"学生基本信息"数据表，数据表的各字段属性设置如表 8－1 所示。

表 8－1　"学生基本信息"表字段属性设置

字段名称	数据类型	字段大小
学号	字符型	30
姓名	字符型	30
性别	字符型	6
出生年月	日期型	默认值
专业	字符型	30
C 语言成绩	数字型	长整型

(2) 在 Visual Basic 6.0 集成开发环境中打开新的"标准 EXE"工程。

(3) 设计用户界面，在窗体中添加 1 个标签控件，1 个文本框控件，1 个命令按钮控件，1 个 MSFlexGrid 控件和 1 个 Data 控件，如图 8－1 所示。其中，MSFlexGrid 控件需要选择"工程"

→"部件"命令，在弹出的对话框中选择"Microsoft FlexGrid Control 6.0"复选框，然后点击确定按钮，MSFlexGrid 控件才会加到工具箱中，如图 8－2 所示。

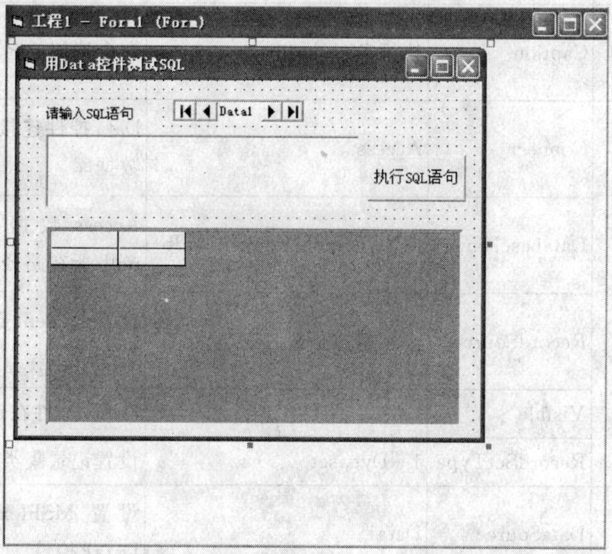

图 8－1　设计时用户界面

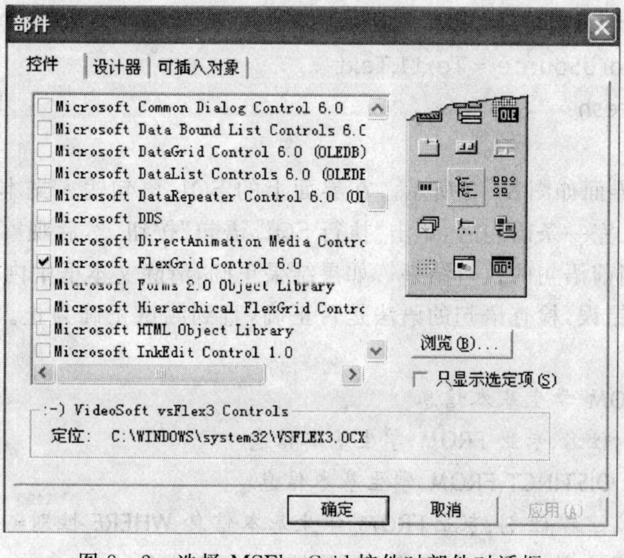

图 8－2　选择 MSFlexGrid 控件时部件对话框

(4) 设置用户界面中各个控件的主要属性，主要属性设置如表 8－2 所示。

表 8－2　各控件主要属性设置表

控件	属性	值	说明
Form1(窗体)	Caption	用 Data 控件测试 SQL	
Label1(标签)	Caption	请输入 SQL 语句	标签显示为"请输入 SQL 语句"
Text1(文本框)	Caption	空	文本框内容初始化为空

续表 8 - 2

控件	属性	值	说明
Command1 (命令按钮)	Caption	执行 SQL 语句	命令按钮的名称
Data1 (Data 控件)	Connect	Access	Data 控件连接数据库为 Access 数据库
	DatabaseName	D:\stu_mdb\student. mdb	Access 数据库文件 student. mdb 所在路径
	RecordSource	学生基本信息	设置 student 数据库文件的数据表
	Visible	False	Data1 控件在运行时不可见
	RecordSetType	1 - Dynaset	设置记录集类型为动态集
MSFlexGrid1 (MSFlexGrid 控件)	DataSource	Data1	设置 MSFlexGrid1 数据源为 Data1 控件

(5) 添加相应控件的事件代码

```
Private Sub Command1_Click()                    '"执行 SQL 语句"命令按钮单击事件过程
    Data1.RecordSource = Text1.Text
    Data1.Refresh
End Sub
```

(6) 运行程序,界面如图 8 - 3 所示。在界面上的 SQL 语句输入文本框中分别输入不同的 SQL 语句,每输入完一条语句后,单击"执行 SQL 语句"按钮,然后观察 MSFlexGrid1 控件中表格内容是否为当前语句的执行结果。如果结果正确,清除文本框中内容,输入下一条语句进行测试;如果结果错误,检查语句的语法是否正确,直到测试正确为止。下面为需要测试的 SQL 语句:

① SELECT * FROM 学生基本信息

② SELECT 学号,姓名,专业 FROM 学生基本信息

③ SELECT 专业 DISTINCT FROM 学生基本信息

④ SELECT 学号,姓名,性别,专业 FROM 学生基本信息 WHERE 性别= '男'

⑤ SELECT * FROM 学生基本信息 WHERE 姓名 LIKE '张* '

⑥ SELECT * FROM 学生基本信息 WHERE 学号 LIKE '????? 3'

⑦ SELECT * FROM 学生基本信息 WHERE 专业 IN ('计算机网络','计算机应用')

⑧ SELECT * FROM 学生基本信息 WHERE C 语言成绩< 60

⑨ SELECT * FROM 学生基本信息 WHERE C 语言成绩 BETWEEN 80 AND 90

⑩ SELECT * FROM 学生基本信息 ORDER BY C 语言成绩 DESC

⑪ INSERT INTO 学生基本信息(学号,姓名,性别,出生年月,专业,C 语言成绩) VALUES('990601','赵一','男','1990 - 10 - 1','计算机网络','99')

⑫ DELETE 学生基本信息 WHERE C 语言成绩< 60

⑬ UPDATE 学生基本信息 SET C 语言成绩= 80 WHERE 学号= '090603'

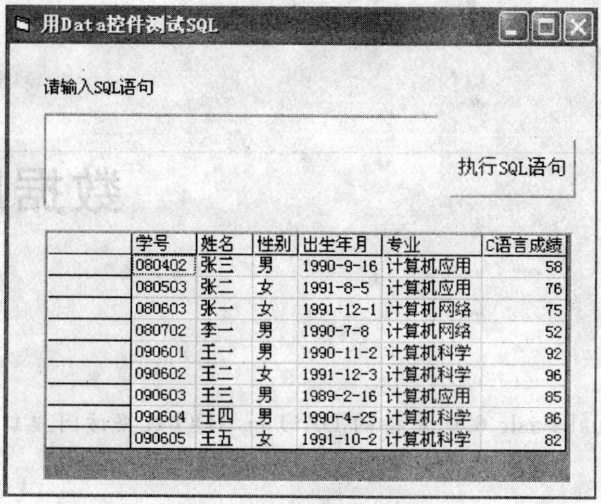

图 8－3　程序运行时界面

习题 8

练习一　在完成习题 6 练习一的基础上，使用 Data 控件和常用的 SQL 语句创建一个能够对"图书基本信息"表进行简单查询的 Visual Basic 程序。

练习二　在完成习题 6 练习一的基础上，使用 Data 控件和常用的 SQL 语句创建一个能够对"图书基本信息"表进行添加记录和更改记录的 Visual Basic 程序。

第 9 章

数据库访问技术

实验目的

➢ 掌握使用 Visual Basic 6.0 支持的 DAO 和 ADO 数据访问接口来访问 Access 数据库

实验内容

➢ 使用 DAO 技术实现数据的输入

➢ 使用 DAO 技术实现数据的查询和浏览

➢ 使用 ADO 技术实现数据的输入

➢ 使用 ADO 技术实现数据的查询和浏览

9.1 使用 DAO 技术实现数据的输入

【实验要求】

以 student 数据库为例，在 Visual Basic 6.0 开发环境下，采用 DAO 技术向 student 数据库中的“学生基本信息”表中输入数据。

【预备知识】

(1) 使用 DAO 技术连接 Microsoft Access 数据库的方法。

(2) 建立数据表记录集的方法。

(3) 记录集中字段引用的方法。

(4) 在记录集中添加新记录、保存记录的方法。

【实验步骤】

(1) 要使用 DAO，首先必须把 DAO 对象加载到 Visual Basic 的工程中，加载方法为：打开 Visual Basic 6.0 开放环境，执行主菜单上的“工程”→“引用”命令，出现如图 9-1 所示的“引用”对话框，在对话框中选中相应的 Microsoft DAO 对象库。这里选择的是“Microsoft DAO 3.6 Object Library”。然后就可以使用 DAO 进行数据库编程了。

(2) 打开新的“标准 EXE”工程。

(3) 创建“输入学生基本信息”窗体，实现向“学生基本信息”表中添加记录，界面如图 9-2 所示。

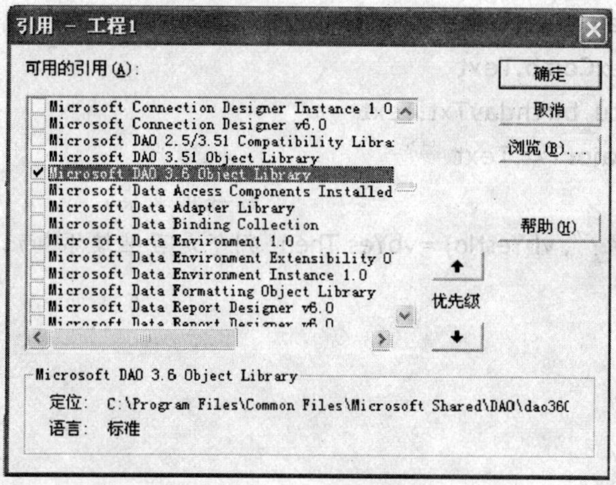

图 9-1 "引用"对话框

图 9-2 "输入学生基本信息"窗体

(4) 主要属性设置如表 9-1 所示。

表 9-1 主要属性设置表

控件	属性	属性值	说明
Label1	Caption	学号	标签显示为"学号"
Label2	Caption	姓名	标签显示为"姓名"
Label3	Caption	性别	标签显示为"性别"
Label4	Caption	出生年月	标签显示为"出生年月"
Label5	Caption	专业	标签显示为"专业"
stu_noTxt	Text	空	"学号"文本框内容初始化为空
stu_nameTxt	Text	空	"姓名"文本框内容初始化为空
stu_sexCombTxt	Text	空	"性别"组合框内容初始化为空
stu_birthdayTxt	Text	空	"出生年月"文本框内容初始化为空
stu_majorTxt	Text	空	"专业"文本框内容初始化为空
Command1	Caption	确定	命令按钮的名称
Command2	Caption	取消	命令按钮的名称

(5) 代码设计如下。

```
Public myws As Workspace                        '定义工作区变量
Public studb As Database                        '定义数据库变量
Public sturec As Recordset                      '定义记录集变量
Private Sub Command1_Click()                    '单击"确定"按钮事件过程
    sturec.AddNew                               '给记录集中添加新记录
    '给数据库各个字段赋值操作
    sturec.Fields("学号") = stu_noTxt.Text
```

```
    sturec.Fields("姓名") = stu_nameTxt.Text
    sturec.Fields("性别") = stu_sexComb.Text
    sturec.Fields("出生年月") = stu_birthdayTxt.Text
    sturec.Fields("专业") = stu_majorTxt.Text
    sturec.Update                                        '保存记录集
    If MsgBox("是否继续添加新记录?", vbYesNo) = vbYes Then '判断是否继续添加记录
    '清空输入文本框内容
        stu_noTxt.Text = ""
        stu_nameTxt.Text = ""
        stu_sexComb.Text = ""
        stu_birthdayTxt.Text = ""
        stu_majorTxt.Text = ""
    Else
        sturec.Close                                     '关闭记录集
        studb.Close                                      '关闭数据库
        myws.Close                                       '关闭工作区
        Unload Me
    End If
End Sub

Private Sub Command2_Click()                             '单击"取消"按钮事件过程
    sturec.Close                                         '关闭记录集
    studb.Close                                          '关闭数据库
    myws.Close                                           '关闭工作区
    Unload Me
End Sub

Private Sub Form_Load()                  '"输入学生基本信息"窗体载入事件过程
    '要用 Microsoft Jet 数据库引擎进行数据库连接,首先需要把 DBEngine 的
    'DefaultType 属性设置为 dbUseJet
    DBEngine.DefaultType = dbUseJet
    Set myws = DBEngine.Workspaces(0)                    '声明工作区对象 myws
    '以独占、可读写方式打开应用程序路径下的 student.mdb 数据库
    Set studb = myws.OpenDatabase(VB.App.Path & "\student", True, False)
    '创建 student 数据库中"学生基本信息"表的记录集
    Set sturec = studb.OpenRecordset("学生基本信息", dbOpenTable)
End Sub
```

(6)保存"工程"并运行。

9.2　使用 DAO 技术实现数据的查询和浏览

【实验要求】

以 student 数据库中的“学生基本信息”表为例，在 Visual Basic 6.0 开发环境下，设计查询和浏览记录的用户界面，使用 DAO 技术实现查询和浏览表中记录的功能。

【预备知识】

(1) 使用 DAO 技术连接 Microsoft Access 数据库的方法。

(2) 建立数据表记录集的方法。

(3) 记录集中字段引用的方法。

(4) 在记录集中移动记录指针的方法。

【实验步骤】

(1) 与 9.1 节实验步骤(1)相同，加载 DAO 对象到 Visual Basic 6.0 工程中。

(2) 打开新的“标准 EXE”工程。

(3) 设计查询和浏览记录的用户界面，如图 9－3 所示。

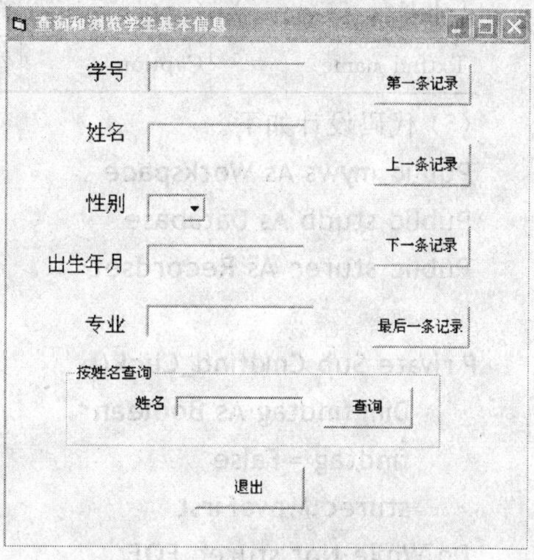

图 9－3　查询和浏览记录窗体

(4) 主要属性设置如表 9－2 所示。

表 9－2　主要属性设置表

控件	属性	属性值	说明
Label1	Caption	学号	标签显示为“学号”
Label2	Caption	姓名	标签显示为“姓名”
Label3	Caption	性别	标签显示为“性别”
Label4	Caption	出生年月	标签显示为“出生年月”
Label5	Caption	专业	标签显示为“专业”
stu_noTxt	Text	空	学号文本框内容初始化为空
stu_nameTxt	Text	空	姓名文本框内容初始化为空
stu_sexCombTxt	Text	空	性别组合框内容初始化为空
stu_birthdayTxt	Text	空	出生年月文本框内容初始化为空
stu_majorTxt	Text	空	专业文本框内容初始化为空
Command1	Caption	退出	命令按钮的名称
Cmdfirst_rec	Caption	第一条记录	命令按钮的名称
Cmdpre_rec	Caption	上一条记录	命令按钮的名称
Cmdnext_rec	Caption	下一条记录	命令按钮的名称

续表 9-2

控件	属性	属性值	说明
Cmdlast_rec	Caption	最后一条记录	命令按钮的名称
Cmdfind	Caption	查询	命令按钮的名称
Frame1	Caption	按姓名查询	框架控件的标题名称
Label6	Caption	姓名	框架控件中的标签显示为“姓名”
Txtfnd_name	Caption	空	框架控件中的文本框初始内容为空

(5) 代码设计如下。

```
Public myws As Workspace                    '定义工作区变量
Public studb As Database                    '定义数据库变量
Public sturec As Recordset                  '定义记录集变量

Private Sub Cmdfind_Click()                 '按姓名查找记录
    Dim findtag As Boolean                  '定义查找标志变量 findtag
    findtag = False             '查找开始时 findtag 为 False,表示没有查找到
    sturec.MoveFirst                        '记录指针移动到第一条记录
Do While Not sturec.EOF                     '记录指针没有到文件尾,继续查找
  '比较查找姓名的字符串和记录中的姓名字符串是否相等
    If Trim(Txtfnd_name.Text) = Trim(sturec.Fields("姓名")) Then
      findtag = True                        '若查找到记录,查找标志置为 True
      Call fieldtotext              '把查找到的记录各字段内容赋给相应的文本框
      Exit Do                               '退出查找
    Else
      sturec.MoveNext               '若当前记录不是所查记录,记录指针往后移动
    End If
Loop
If findtag = False Then     '若整个记录比较完毕后没有所查记录,显示查无此人
    MsgBox ("查无此人!")
  End If
End Sub

'记录指针指向记录集中第一条记录
Private Sub Cmdfirst_rec_Click()            '“第一条记录”按钮单击事件过程
    sturec.MoveFirst
    Call fieldtotext
End Sub

'记录指针指向记录集中最后一条记录
```

```
Private Sub Cmdlast_rec_Click()                    '"最后一条记录"按钮单击事件过程
    sturec.MoveLast
    Call fieldtotext
End Sub

'记录指针指向记录集中下一条记录
Private Sub Cmdnext_rec_Click()                    '"下一条记录"按钮单击事件过程
    sturec.MoveNext
    If sturec.EOF Then
        sturec.MoveLast
        MsgBox ("已经到记录末尾,没有下一条记录!")
    Else
        Call fieldtotext
    End If
End Sub

'记录指针指向记录集中上一条记录
Private Sub Cmdpre_rec_Click()                     '"上一条记录"按钮单击事件过程
    sturec.MovePrevious
    If sturec.BOF Then
        sturec.MoveFirst
        MsgBox ("已经到记录头,没有上一条记录!")
    Else
        Call fieldtotext
    End If
End Sub

Private Sub Command1_Click()                       '"退出"按钮单击事件过程
  Unload Me
End Sub

'用 DAO 方法连接并打开数据库
Private Sub Form_Load()
  '要用 Microsoft Jet 数据库引擎进行数据库连接,首先需要把 DBEngine 的 DefaultType
  '属性设置为 dbUseJet
  DBEngine.DefaultType = dbUseJet
  Set myws = DBEngine.Workspaces(0)                '声明工作区对象 myws
  '连接并打开应用程序路径下的 student.mdb 数据库
  Set studb = myws.OpenDatabase(VB.App.Path & "\student", True, False)
```

```
'创建 student 数据库中"学生基本信息"表的记录集
    Set sturec = studb.OpenRecordset("学生基本信息", dbOpenTable)
End Sub

'把数据库中"学生基本信息"表中当前记录的全部字段赋给窗口中对应的文本框
Private Sub fieldtotext()
    stu_noTxt.Text = sturec.Fields("学号")
    stu_nameTxt.Text = sturec.Fields("姓名")
    stu_sexComb.Text = sturec.Fields("性别")
    stu_birthdayTxt.Text = sturec.Fields("出生年月")
    stu_majorTxt.Text = sturec.Fields("专业")
End Sub
```

思考 如果要实现按“姓名”字段的模糊方式来查找记录,应如何修改程序?

提示 模糊方式查找是实现字符串的部分匹配,精确查找是实现字符串的完全匹配。

9.3 使用 ADO 技术实现数据的输入

【实验要求】

以 student 数据库中的“学生基本信息”表为例,在 Visual Basic 6.0 开发环境下,采用 ADO 技术向 student 数据库中的“学生基本信息”表中输入数据。

【预备知识】

(1) 使用 ADO 技术连接 Microsoft Access 数据库的方法。

(2) 建立数据表记录集的方法。

(3) 记录集中字段引用的方法。

(4) 在记录集中添加新记录、保存记录的方法。

【实验步骤】

(1) 要使用 ADO,首先必须把 ADO 对象加载到 Visual Basic 6.0 的工程中,加载方法为:打开 Visual Basic 6.0 开放环境,执行主菜单上的“工程”→“引用”命令,出现如图 9-4 所示的“引用”对话框,在对话框中选中相应的 Microsoft ADO 对象库。这里选择的是“Microsoft ActiveX Data Object 2.7 Library(ADODB)”或“Microsoft ActiveX Data Object RecordSet 2.7 Library(ADOR)”。然后单击“确定”按钮即可。

(2) 打开新的“标准 EXE”工程。

(3) 设计输入数据的用户界面,界面同图 9-1、9-2 所示。

(4) 主要属性设置同表 9-1。

(5) 代码设计如下。

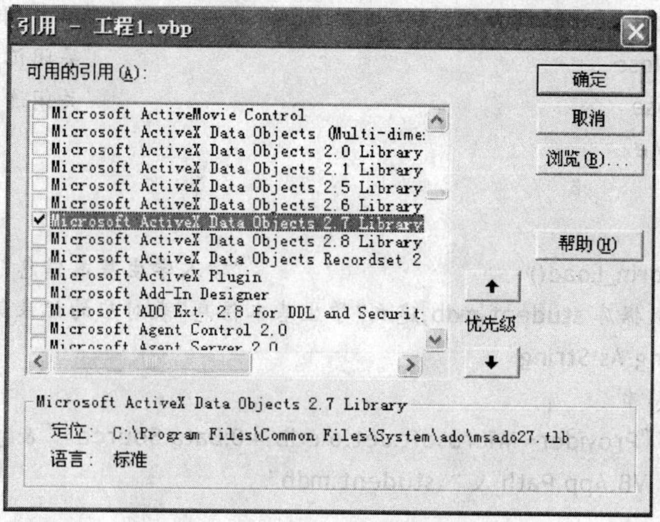

图 9-4　“引用”对话框

```
Public sturec As New ADODB.Recordset                    '定义记录集变量
Public conn As New ADODB.Connection                     '定义连接变量

Private Sub Command1_Click()                            '单击“确定”按钮事件过程
    sturec.AddNew                                       '给记录集中添加新记录
    '给数据库各个字段赋值操作
    sturec.Fields("学号") = stu_noTxt.Text
    sturec.Fields("姓名") = stu_nameTxt.Text
    sturec.Fields("性别") = stu_sexComb.Text
    sturec.Fields("出生年月") = stu_birthdayTxt.Text
    sturec.Fields("专业") = stu_majorTxt.Text
    sturec.Update                                       '保存记录集
    If MsgBox("是否继续添加新记录?", vbYesNo) = vbYes Then '判断是否继续添加记录
    '清空输入文本框内容
        stu_noTxt.Text = ""
        stu_nameTxt.Text = ""
        stu_sexComb.Text = ""
        stu_birthdayTxt.Text = ""
        stu_majorTxt.Text = ""
    Else
        sturec.Close                                    '关闭记录集
        conn.Close                                      '关闭连接
        Unload Me
    End If
End Sub
```

```
Private Sub Command2_Click()                          '单击"取消"按钮事件过程
    sturec.Close                                      '关闭记录集
    conn.Close                                        '关闭连接
    Unload Me
End Sub

Private Sub Form_Load()                    '"输入学生基本信息"窗体载入事件过程
'连接并打开数据库 student.mdb,建立"学生基本信息"表对应的记录集
Dim connstring As String
'定义连接字符串
connstring = "Provider= Microsoft.Jet.oledb.4.0;Data Source=" & _
              VB.App.Path & "\student.mdb"
With conn
    .ConnectionString = connstring
    .ConnectionTimeout = 10
    .Open
End With
'打开"学生基本信息"表,产生记录集
sturec.Open "学生基本信息", conn, adOpenForwardOnly, adLockOptimistic, _
adCmdTable
End Sub
```

(6)保存"工程"并运行。

9.4　使用 ADO 技术实现数据的查询和浏览

【实验要求】

以 student 数据库中的"学生基本信息"表为例，在 Visual Basic 6.0 开发环境下，设计查询和浏览记录的用户界面，使用 ADO 技术实现查询和浏览表中记录的功能。

【预备知识】

(1) 使用 ADO 技术连接 Microsoft Access 数据库的方法。

(2) 建立数据表记录集的方法。

(3) 记录集中字段引用的方法。

(4) 在记录集中移动记录指针的方法。

【实验步骤】

(1) 与 9.3 节实验步骤(1)相同，加载 ADO 对象到 Visual Basic 6.0 工程中。

(2) 打开新的"标准 EXE"工程。

(3) 设计查询和浏览记录的用户界面，如图 9－3 所示。

(4) 主要属性设置如表 9－2 所示。

(5) 代码设计如下。

```
Public sturec As New ADODB.Recordset              '定义记录集变量
Public conn As New ADODB.Connection               '定义连接变量

Private Sub Form_Load()                           '用 ADO 方法连接并打开数据库
   Dim connstring As String
   '定义连接字符串
   connstring ="Provider= Microsoft.Jet.oledb.4.0;Data Source =" & _
            VB.App.Path & "\student.mdb"
   With conn
      .ConnectionString = connstring
      .ConnectionTimeout = 10
      .Open
   End With
   sturec.Open "学生基本信息", conn, adOpenForwardOnly, adLockOptimistic, adCmdTable
                                                  '打开学生基本信息表,产生记录集
End Sub
```

其他事件的代码和 9.2 实验中的代码一样。

(6)保存“工程”并运行。

习题 9

练习一　在完成习题 6 练习一的基础上,创建一个能使用 DAO 技术对“图书基本信息”表中的数据实现输入、查询和浏览记录的 Visual Basic 程序。

练习二　在完成习题 6 练习　的基础上,创建一个能使用 ADO 技术对“图书基本信息”表中的数据实现输入、查询和浏览记录的 Visual Basic 程序。

第 10 章

数据报表设计与报表输出

实验目的

➤ 掌握用数据库报表设计和输出的方法

实验内容

➤ 使用数据库报表设计器设计并输出简单数据报表

➤ 使用 VB 中 Excel 对象设计并输出简单数据报表

10.1 使用数据库报表设计器设计并输出简单数据报表

【实验要求】

以 student 数据库中的“学生基本信息”表为例，在 Visual Basic 6.0 开发环境下，使用 DataReport设计并输出“学生基本信息”数据报表。

【实验步骤】

(1) 建立数据环境。为了创建一个数据报表，首先需要建立数据环境，具体步骤如下。

① 启动 Visual Basic 6.0，创建一个新的“标准 EXE”工程。

② 添加数据环境设计器。在“工程”菜单中选择“添加 Data Environment”命令，向工程中添加一个数据环境设计器，如图 10－1 所示。

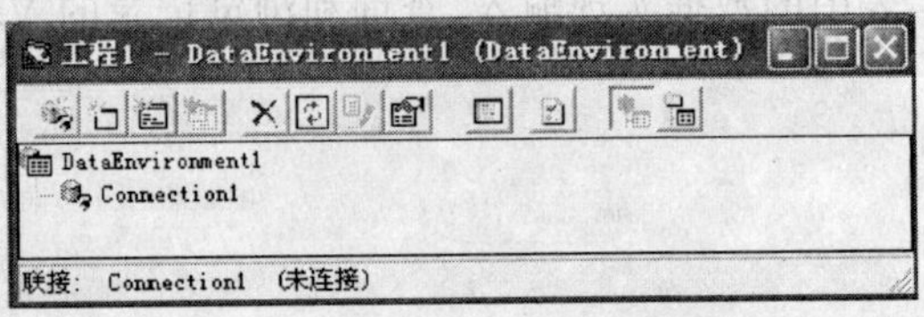

图 10－1 数据环境设计器

③ 选择 OLE DB 驱动程序。在“数据环境设计器”对话框中的“Connection1”上单击右键，选择“属性”菜单启动“数据链接属性”对话框，如图 10－2 所示。在提供程序选项卡中单击“Microsoft Jet 4.0 OLE DB Provider”选项，这是为访问 Access 数据库选择正确的 OLE DB 供应商。

④ 选择要连接的 Access 数据库。单击“下一步”按钮进入“连接”选项卡。单击“选择或输入数据库名称”文本框旁的省略按钮(...)，弹出选择 Access 数据库对话框，在该框中选择建立好的 student.mdb 数据库。单击“测试连接”按钮测试是否能够与所选择的数据库连接上，如果连接不上，检查错误信息并排除错误；若能连接成功，则单击“确定”按钮关闭“数据链接属性”对话框，如图 10－3 所示。

图 10-2 “数据链接属性”中“提供程序”选项卡

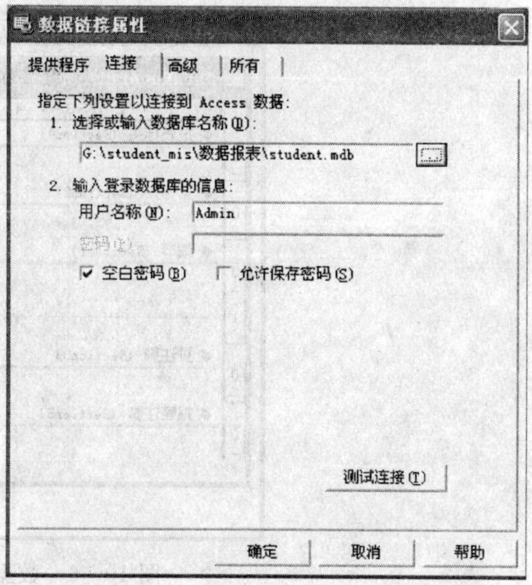

图 10-3 “数据链接属性”中“连接”选项卡

⑤ 链接到“学生基本信息”表。右键单击数据环境设计器中的“Connection1”图标，然后单击“添加命令”，则会在“Connection1”图标下面出现“Command1”图标，如图 10-4 所示。

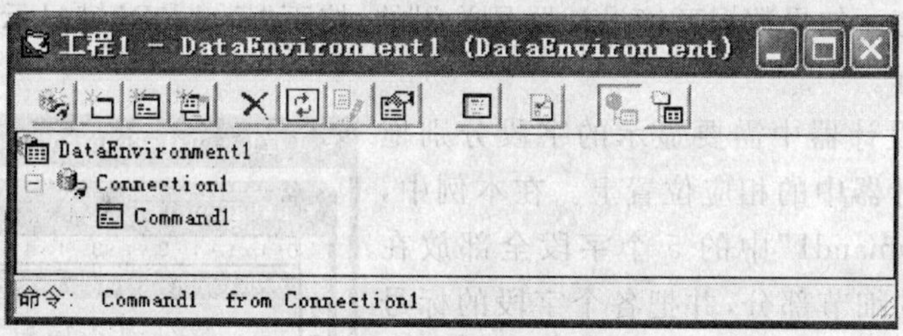

图 10-4 “添加命令”后的对话框

⑥右键单击“Command1”选择“属性”菜单，则会弹出“Command1 属性”对话框，如图 10-5 所示，在该框中设置相应属性。最后，单击“确定”按钮结束该对话框。

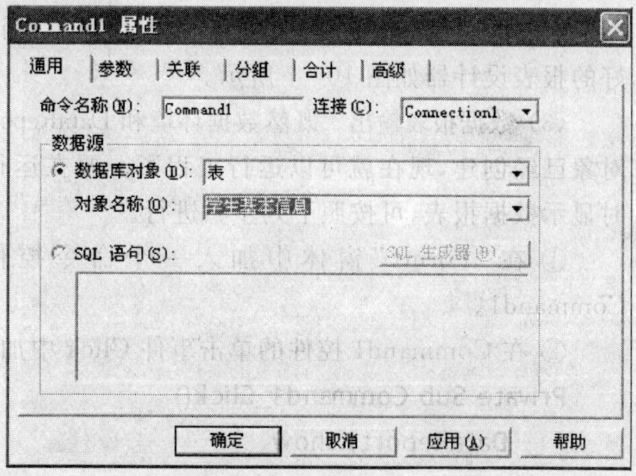

图 10-5 “Command1 属性”对话框

此时，数据环境已建立完毕，下一步进入数据报表设计器。

(2) 用数据报表设计器创建数据报表。一旦创建了数据环境设计器，就可以创建数据报表了。在这里，并不是把数据环境中所有的字段都放在一个数据报表中，而只是根据需要显示其中几个字段。通常要创建一个新的数据报表，需要进行如下几步操作。

① 添加数据报表设计器。在“工程”菜单上，单击“添加 DataReport”，将它添加到工程中，如图 10-6 所示。

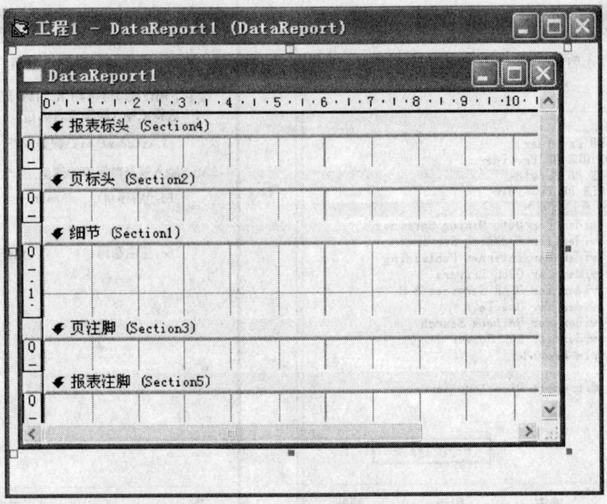

图 10－6　数据报表设计器(DataReport)

② 选择数据源。选择“DataReport”报表设计器，按“F4”键打开“属性窗口”，在“属性”窗口上单击“DataSource”选项，然后选择“DataEnvironment1”，最后单击“DataMember”选项并选择“Command1”。注意，把 DataSource 属性设置为“DataEnvironment1”时，数据环境设计器必须为打开状态。如果数据环境设计器是关闭的，按下“Ctrl＋R”键显示“工程”窗口，然后双击数据环境图标。

将数据环境设计器中需要显示的字段分别拖到数据表报表设计器中的相应位置上。在本例中，我们选择把“Command1”中的 5 个字段全部放在“DataReport”中的细节部分，并把各个字段的标号拖放到“DataReport”中的页标头中。如果想以表格的形式来显示报表，可以选择数据报表工具栏中的“RptShape”控件(用来画矩形)和“RptLine”控件(用来画直线)绘制表格线，最后可以在报表标头中用 RptLabel 控件显示相应的文字说明信息。设计好的报表设计器如图 10－7 所示。

图 10－7　“学生基本信息表”报表设计器

(3) 数据报表输出。既然数据环境和 DataReport 对象已经创建，现在就可以运行工程了。要在运行时显示数据报表，可按照下列步骤进行。

① 在“Form1”窗体中加入一个命令控件 Command1。

② 在 Command1 控件的单击事件 Click 中加入代码，如下所示。

```
Private Sub Command1_Click()
    DataReport1.show
End Sub
```

③ 运行应用程序。单击“Command1”按钮，应用程序将以打印预览的方式显示报表，如

图 10－8 所示。

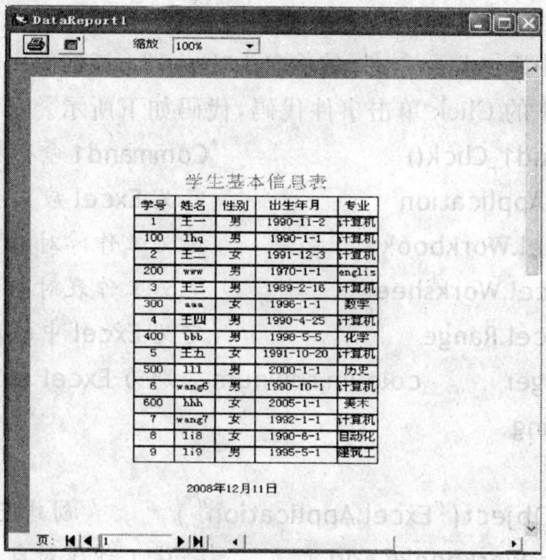

图 10－8　“学生基本信息表”报表预览

10.2　使用 VB 中 Excel 对象设计并输出简单数据报表

【实验要求】

以 student 数据库中的“学生基本信息”表为例，在 Visual Basic 6.0 开发环境下，使用 Excel对象设计并输出“学生基本信息”数据报表。

【实验步骤】

(1) 启动 Visual Basic 6.0，创建一个新的“标准 EXE”工程。

(2) 要想在 Visual Basic 中使用 Excel 对象，首先必须给工程中添加 Excel 对象。方法为执行“工程”→“引用”命令，如图 10－9 所示，选择“Microsoft Excel 11.0 Object Library”，最后单击“确定”按钮关闭对话框。

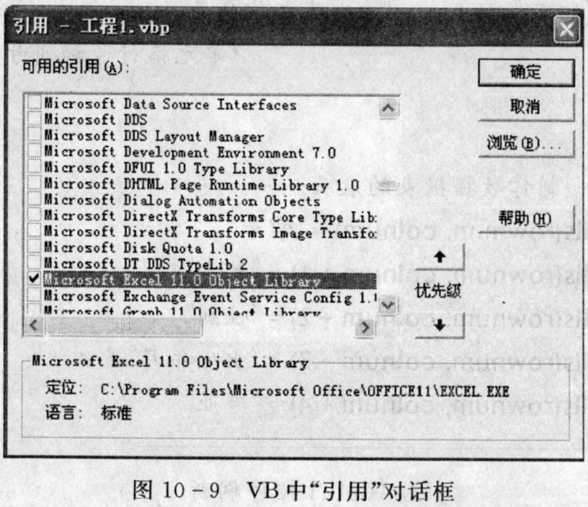

图 10－9　VB 中“引用”对话框

(3) 在 VB 工程中的“Form1”窗口中添加一个命令按钮“Command1”,并设置其 Caption 属性为“生成 Excel 报表”。

(4) 在“Form1”窗口中添加 Data 控件,控件名为“Data1”。该控件用于连接 student 数据库。

(5) 编写 Command1 的 Click 单击事件代码,代码如下所示。

```
Private Sub Command1_Click()                        'Command1 命令按钮的单击事件过程
Dim xlapp As Excel.Application                      '定义 Excel 应用程序对象为 xlapp
Dim stubook As Excel.Workbook                       '定义工作簿对象为 stubook
Dim stusheet As Excel.Worksheet                     '定义工作表对象为 stusheet
Dim MyRange As Excel.Range                          '定义 Excel 中的域对象为 MyRange
Dim colnum As Integer        'colnum,rownum 分别为 Excel 文件中单元格的列号和行号
Dim rownum As String

Set xlapp = CreateObject("Excel.Application")         '创建 Excel 应用程序对象 xlapp
Set stubook = xlapp.Workbooks.Add                   '创建工作簿对象 stubook
Set stusheet = stubook.Worksheets(1)                '创建工作表对象 stusheet

Data1.DatabaseName = App.Path & "\student.mdb" '用 Data 控件连接 student 数据库

'用 Data 控件连接 student 数据库中的“学生基本信息”表
Data1.RecordSource = "学生基本信息"
Data1.Refresh

Set MyRange =  stusheet.Range("A1:E1")  '定义 Excel 单元格的域为第一行中 1 至 5 列
MyRange.Merge                                   '合并 Excel 工作表第一行第 1 至 5 列单元格

'在上面合并的单元格中填入“学生基本信息表”作为报表标题
stusheet.Range("A1:E1").Value = "学生基本信息表"
rownum = 2                                          '单元格行号和列号初始化
colnum = 1

    '————————制作数据报表的表头————————
    stusheet.Cells(rownum, colnum) = "学号"
    stusheet.Cells(rownum, colnum + 1) = "姓名"
    stusheet.Cells(rownum, colnum + 2) = "性别"
    stusheet.Cells(rownum, colnum + 3) = "出生年月"
    stusheet.Cells(rownum, colnum + 4) = "专业"
    '————————————————————————————

Data1.Refresh                       'Data1 控件刷新
Data1.Recordset.MoveFirst           '记录集指针指向“学生基本信息”表的第一条记录
```

```
Do
    rownum = rownum + 1
    '———把当前记录的每个字段的值填入 Excel 工作表的相应的单元格中———
    stusheet.Cells(rownum, colnum) = Data1.Recordset.Fields("学号")
    stusheet.Cells(rownum, colnum + 1) = Data1.Recordset.Fields("姓名")
    stusheet.Cells(rownum, colnum + 2) = Data1.Recordset.Fields("性别")
    stusheet.Cells(rownum, colnum + 3) = Cstr(Data1.Recordset.Fields("出生年月"))
    stusheet.Cells(rownum, colnum + 4) = Data1.Recordset.Fields("专业")
    '————————————————————————————————————
    Data1.Recordset.MoveNext          '记录集指针指向"学生基本信息"表的下一条记录
Loop Until Data1.Recordset.EOF        '当记录指针指向记录集的末尾时,循环结束
xlapp.ActiveWorkbook.SaveAs App.Path & "\学生基本信息报表.xls"
                                      '把上面生成的 Excel 文件保存起来
xlapp.Visible = True                  '在 Excel 程序中打开生成的 Excel 文件
    Set stubook = Nothing             '关闭 Excel 工作簿对象
    Set xlapp = Nothing               '关闭 Excel 应用程序对象
End Sub
```

（6）生成的"学生基本信息"Excel 报表文件如图 10－10 所示，利用 Excel 软件强大的功能可以对生成的 Excel 报表文件进行预览和打印操作。

学号	姓名	性别	出生年月	专业
1	王一	男	1990-11-2	计算机科学
100	lhq	男	1990-1-1	计算机应用
2	王二	女	1991-12-3	计算机科学
200	www	男	1970-1-1	english
3	王三	男	1989-2-16	计算机科学
300	aaa	女	1996-1-1	数学
4	王四	男	1990-4-25	计算机科学
400	bbb	男	1998-5-5	化学
5	王五	女	1991-10-20	计算机科学
500	111	男	2000-1-1	历史
6	wang6	男	1990-10-1	计算机应用
600	hhh	女	2005-1-1	美术
7	wang7	女	1992-1-1	计算机网络
8	li8	女	1990-6-1	自动化
9	li9	男	1995-5-1	建筑工程

图 10－10　"学生基本信息报表"Excel 文件

习题 10

练习一　在完成习题 6 练习一的基础上,对“图书基本信息”表使用数据库报表设计器设计并输出简单数据报表,报表格式可自定义。(可参考 10.1 节实验)

练习二　在完成习题 6 练习一的基础上,对“图书基本信息”表使用 VB 中 Excel 对象设计并输出简单数据报表,报表格式可自定义。(可参考 10.2 节实验)

附录 A

Visual Basic 程序调试

程序的设计很少能够一次完成并且没有错误的，在编程的过程中由于种种原因，不可避免地会出现一些错误。程序调试就是从程序中找到每个错误和存在的问题，并加以解决。Visual Basic为程序员提供了一个非常方便的程序调试环境，使用户能够迅速排除编程中出现的问题。

1. 错误类型

(1) 语法错误

语法错误是存在于代码中的语言结构方面的错误。比如，拼写错误、缺少操作对象和不符合语法规则等错误都属于语法错误。

(2) 逻辑错误

逻辑错误指的是程序可以执行，但得不到用户所希望的结果。这并不是程序语句的错误，而是由于程序设计时本身存在的逻辑缺陷而导致的。如定义了错误的变量类型，或程序中出现了不正确的循环次数或死循环等。

大多数逻辑错误不容易发现是在哪一条语句发生的，而且产生错误的原因与产生错误的结果语句之间可能隔有很多语句。因此，对于逻辑错误一般要使用单步执行和监视的方法来查找错误的根源。

(3) 运行时错误

指 VB 在编译通过后，运行代码时发生的错误，一般是由于指令代码执行了非法操作引起的，如：数据类型不匹配、试图打开一个不存在的文件等。系统会报错并加亮显示、等候处理。

2. VB 的三种模式

(1) 设计模式

在设计模式下可以进行程序的界面设计、属性设置、代码编写等，但是当标题栏上显示“设计”时不能运行程序，也不能使用调试工具，如图 A－1 所示。

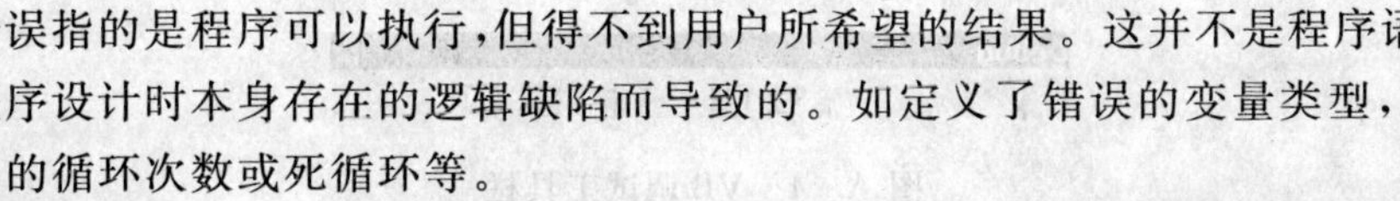

图 A－1　设计模式

(2) 运行模式

执行“运行”菜单中的“启动”命令或单击工具栏上的启动按钮或按 F5 键，即由设计模式进入运行模式，标题栏显示“运行”，如图 A－2 所示。在此阶段可以查看程序代码，但不能修改。若要修改,必须单击工具栏上的“结束”按钮,回到设计模式,也可以选择“中断”按钮进入中断模式。

图 A-2　运行模式

(3) 中断模式

当程序运行时单击了“中断”按钮,或当程序出现运行错误时,都可以进入中断模式,如图 A-3 所示。在此模式下,运行的程序被挂起,可以查看代码、修改代码、检查数据。修改结束,单击“继续”按钮可以继续程序的运行,也可以单击“结束”按钮停止程序的执行。

图 A-3　中断模式

3. 调试工具

(1) 工具栏

工具栏如图 A-4 所示,利用该工具栏可以执行运行程序、中断运行、在程序中设置间断点、监视变量、单步调试、过程跟踪等操作。其各工具的功能详见表 A-1。

图 A-4　VB 调试工具栏

表 A-1　调试工具功能简述

调试工具	图标	作用
启动/继续		可运行程序,或使中断的程序继续从断点处运行
中断		可使运行程序中断运行
结束		可结束程序的运行
切换断点		可使光标所在的程序行成为断点。程序运行到断点行时将终止程序的运行,进入中断模式的调试状态
逐语句		执行应用程序代码的下一行,并跟踪到过程中
逐过程		执行应用程序代码的下一行,但不跟踪到过程中
跳出		执行当前过程的其他部分,并在调用过程的下一行时中断程序的运行

续表 A-1

调试工具	图标	作用
本地窗口		可调出本地窗口，用来显示变量的当前值
立即窗口		可调出立即窗口，当应用程序处于中断模式时，允许执行代码或查询值
监视窗口		可调出监视窗口，用来显示选定表达式的值
快速监视		可调出快速监视窗口，当应用程序处于中断模式时，用来列出表达式的当前值
调用堆栈		当处于中断模式时，出现一个对话框，显示所有已调用但尚未完成运行的过程

(2) 调试下拉菜单

单击“调试”菜单命令，打开“调试”子菜单，可以看到集成环境提供的调试功能，如图 A-5 所示。其功能与“调试”工具栏功能相同。

图 A-5　“调试”菜单

4. 单步执行

为了跟踪程序的执行流程，可以单步运行程序，也就是让程序每执行一步就停下来，从而可以监视变量和表达式的变化情况，判断程序运行至此的正误。

可用下列三种方法实现单步执行：

① 执行“调试”菜单中的“逐语句”命令；

② 单击高度工具条中的按钮；

③ 按“F8”键。

此操作就是一条一条地执行语句。若遇到过程调用，即进入该过程断续单步执行。用这种执行方式，对发现程序中的逻辑错误很有帮助。

5. 设置断点

对于一个较大的程序，从头到尾单步执行是不现实的，折中的办法是把程序分段，设置基于断点,程序运行到断点处停下来,进入中断模式。此时,可以查看各种变量、表达式的值,借此来判断前面部分程序的执行是否符合设计意图。可以用以下四种方法为程序设置断点:

① 在代码窗口中,将光标移到要设置断点的那一行,单击“调试”菜单中的“切换断点”命令;

② 在代码窗口中,在要设置断点的那一行的左页边上用鼠标单击;

③ 将光标移到要设置断点的那一行,单击调试工具栏中的  按钮;

④ 将光标移到要设置断点的那一行,按“F9”。

这些操作都是“开/关”操作,即设置断点和取消断点的操作是一样的。如果原来没有断点,该操作将设置断点;如果该处本来有断点,则该操作将删除断点;如果要一次取消所有的断点,可单击“调试”菜单中的“清除所有断点”命令。

6. 调试窗口

在应用程序进入中断模式时,可以使用高度窗口监视变量和表达式在程序执行到某处的值。Visual Basic 有三个调试窗口,即立即窗口、本地窗口和监视窗口。使用“视图”菜单下的相应命令或使用“调试”工具栏都可打开这三个窗口。

(1) 立即窗口

这是调试窗口中使用最方便、最常用的窗口。可以在程序中用 Debug. Print 方法把输出送到立即窗口,也可以在该窗口中直接使用 Print 语句或“?”显示变量的值。

(2) 本地窗口

该窗口显示当前过程中所有变量的值,当程序的执行从一个过程切换到另一个过程时,该窗口的内容发生改变,它只反映当前过程中可用的变量。

(3) 监视窗口

该窗口可显示当前的监视表达式,在此之前必须在设计阶段,利用调试菜单的“添加监视命令”或“快速监视”命令,添加监视表达式以及设置的监视类型,在运行时显示在监视窗口,根据设置的监视类型进行相应的显示。

附录 B

ASCII 码表

ASCII 码值（十进制）	字符	ASCII 码值（十进制）	字符	ASCII 码值（十进制）	字符	ASCII 码值（十进制）	字符
0	NUL	32	(Space)	64	@	96	`
1	SOH	33	!	65	A	97	a
2	STX	34	”	66	B	98	b
3	ETX	35	♯	67	C	99	c
4	EOT	36	$	68	D	100	d
5	EDQ	37	%	69	E	101	e
6	ACK	38	&	70	F	102	f
7	BEL	39	′	71	G	103	g
8	BS	40	(	72	H	104	h
9	HT	41	)	73	I	105	i
10	LF	42	*	74	J	106	j
11	VT	43	+	75	K	107	k
12	FF	44	,	76	L	108	l
13	CR	45	—	77	M	109	m
14	SO	46	.	78	N	110	n
15	SI	47	/	79	O	111	o
16	DLE	48	0	80	P	112	p
17	DC1	49	1	81	Q	113	q
18	DC2	50	2	82	R	114	r
19	DC3	51	3	83	S	115	s
20	DC4	52	4	84	T	116	t
21	NAK	53	5	85	U	117	u
22	SYN	54	6	86	V	118	v
23	ETB	55	7	87	W	119	w
24	CAN	56	8	88	X	120	x
25	EM	57	9	89	Y	121	y
26	SUB	58	:	90	Z	122	z
27	ESC	59	;	91	[	123	{
28	FS	60	<	92	\	124	|
29	GS	61	=	93	]	125	}
30	RS	62	>	94	ˆ	126	~
31	US	63	?	95	_	127	DEL

注：ASCII 码的 0～31，127 为控制字符，32～126 为可见字符。

参考文献

[1] 刘瑞新,汪远征,等. Visual Basic 程序设计教程上机指导及习题解答[M]. 北京:机械工业出版社,2006.

[2] 刘卫国. Visual Basic 程序设计实践教程[M]. 北京:北京邮电大学出版社,2007.

[3] 杨树林. Visual Basic 6.0 程序设计语言实验与课程设计指导[M]. 北京:科学出版社,2004.

[4] 沈大林. 中文 Visual Basic 6.0 案例教程[M]. 北京:人民邮电出版社,2005.

[5] 曹青,邱李华,郭志强. Visual Basic 程序设计教程[M]. 北京:机械工业出版社,2004.